U0159366

大数据采集与预处理技术

主编◎夏国清　洪　洲　陈　统

上海交通大学出版社
SHANGHAI JIAO TONG UNIVERSITY PRESS

内容提要

本书按照"理论＋实战"的形式编写，将企业项目需求分解为单独的任务，全面系统地讲解了大数据采集与预处理的相关知识与技术。全书针对数据采集的不同来源，将知识内容分为五个项目，包括网络数据采集、分布式消息系统Kafka、实时数据库采集工具Canal和Maxwell、ETL日志采集技术栈以及ETL工具——Kettle。本书针对大数据采集与预处理的关键技术及其应用场景，从数据的采集、存储和分析等多个方面介绍了大数据的数据处理流程，通过任务实例为读者展示了如何有效地使用技术或工具。本书可作为大数据相关专业的教学用书，也可作为相关技术人员培训或工作的参考用书。

图书在版编目（CIP）数据

大数据采集与预处理技术 / 夏国清，洪洲，陈统主编 . —上海：上海交通大学出版社，2024.2
ISBN 978-7-313-30169-7

Ⅰ . ①大… Ⅱ . ①夏… ②洪… ③陈… Ⅲ . ①数据采集 ②数据处理 Ⅳ . ① TP274

中国国家版本馆 CIP 数据核字（2024）第 035000 号

大数据采集与预处理技术
DASHUJU CAIJI YU YUCHULI JISHU

主　　编：夏国清　洪　洲　陈　统　　　　　地　　址：上海市番禺路 951 号
出版发行：上海交通大学出版社　　　　　　　电　　话：021-6407 1208
邮政编码：200030
印　　制：北京荣玉印刷有限公司　　　　　　经　　销：全国新华书店
开　　本：889 mm × 1194 mm　1/16　　　　　印　　张：16
字　　数：419 千字
版　　次：2024 年 2 月第 1 版　　　　　　　 印　　次：2024 年 2 月第 1 次印刷
书　　号：ISBN 978-7-313-30169-7　　　　　电子书号：ISBN 978-7-89424-521-2
定　　价：59.80 元

编写委员会

主　编　夏国清　洪　洲　陈　统

副主编　熊　勇　陈　瑶　禤捷鹏　李桂凤　王士先

前言

大数据是一种庞大的数据集，其规模、复杂性和产生速度使得传统数据处理工具难以应对。大数据涉及数据的收集、存储、处理、分析和可视化等多个方面，其应用范围涵盖了商业、科研、教育、医疗等诸多领域。大数据是应对当前信息时代挑战的重要学科，通过对大数据的学习，学生可以掌握数据处理和分析的技能，提升数据分析能力。同时，大数据学科对企业和组织来说，也有助于提升其决策的科学性和准确性，增强市场竞争力。大数据学科在教育改革、产业发展、科研创新等方面都具有重要的地位。

本书按照"理论＋实践"的方式，共设置了5个单独的项目，引导读者从易到难、循序渐进地学习大数据采集的相关知识及应用。教材针对不同的数据来源，介绍了网络爬虫、Kafka、Canal、ELK和Kettle这5个关键技术的基本概念和应用场景，从数据的采集、存储和分析等方面全面介绍大数据采集的相关知识，贯穿了整个大数据的数据处理流程。下面是本教材各个项目的提要。

项目一讲述了网络爬虫的基本概念和工作原理，讲解了使用Python编写爬虫获取数据的常见方法以及应对反爬机制的策略。此外，项目一还讨论了编写爬虫时面临的道德和法律问题，引导读者树立遵守法律的意识。

项目二讲述了分布式消息系统Kafka，讨论了Kafka的基本概念、应用场景、架构和核心组件，讲解了Kafka集群部署的基本操作，并利用Kafka构建一个可靠的实时数据流处理应用程序。

项目三主要使用Canal和Maxwell这两款开源的MySQL数据库增量数据订阅工具实现对关系型数据库的数据采集，讲解Canal的工作原理和架构，以及如何配置Canal的TCP模式和Kafka模式，并演示如何使用Canal和MaxWell来实现将数据库的数据变更实时发送到Kafka。

项目四主要介绍了ELK（Elasticsearch、Logstash和Kibana）这一组流行的日志管理和分析平台工具，讨论了每个组件的基本概念和功能，并演示了如何使用ELK收集、存储、分析和可视化日志数据，介绍了ELK的实时监控、事件分析和异常检测等高级功能。

项目五介绍了Kettle这一开源的ETL（Extract-Transform-Load）工具，讲述了Kettle的基本概念和架构，并演示如何使用Kettle来实现数据抽取、数据转换和数据加载，讨论了Kettle的一些高级功能和应用场景，如数据仓库集成、数据质量管理和数据迁移。

本书的主要特色如下。

1. 融入二十大精神与思政元素

本书将二十大精神与思政元素融入项目之中，实现思想政治教育与知识体系教育的有机统一，让读者在学习大数据采集与预处理技术相关知识的同时，切身感受我国在大数据处理和应用方面的优势，养成良好的职业习惯。

2. 知识结构完善，重点突出

本书涵盖了大数据采集与预处理的核心知识，知识范围广，内容全面。本书在每个项目中利用思维导图梳理项目实施所需的知识点和技能点，便于读者快速理解该项目的学习内容，突出重点和难点。

3. 从易到难，逐步提升

针对大数据采集与预处理技术过程比较繁杂、不易于记忆的特点，本书内容编排上由浅入深，在每个项目中设置了任务实践，并在课后设置了巩固与提高，有助于学生循序渐进地学习相关技能。

4. 融入"1+X"职业技能标准

本书将数据采集职业技能等级证书（中级）中的职业技能等级标准与专业教学标准进行融合，在一定程度上实现了"书证融合"，以此提高读者的职业技能和职业素养。

5. 与实际岗位接轨

本书在编写时注重将"讲、学、练、做"融为一体。读者可以通过每个项目的学习了解相关技术的基础知识，通过任务实践提高分析和解决实际问题的能力，养成良好的项目开发习惯。通过学习本书，读者可以掌握网络爬虫、Kafka、Canal、ELK 和 Kettle 这 5 个关键技术的基本原理和应用方法，能够使用网络爬虫收集数据、使用 Kafka 构建大数据采集与预处理技术实时数据流处理应用、使用 Canal 实现数据同步和增量更新、使用 ELK 管理和分析日志数据、使用 Kettle 实现数据的抽取转换和加载。

本书还提供一些实用的案例，帮助读者更好地应用这些技术解决实际问题。同时本书配有丰富的数字化资源，包含了微课视频、电子课件（PPT）、案例源代码、试题库等，有需要者可致电 13810412048 或发邮件至 2393867076@qq.com 领取。

本书由广东职业技术学院夏国清、洪洲和广东轩辕网络科技有限公司陈统主编，熊勇、陈瑶、禤捷鹏、李桂凤、王士先担任副主编。全书由夏国清统稿。在此，一并向为本书编写做出贡献的老师表示衷心的感谢！

由于编者水平有限，书中可能存在疏漏和不妥之处，敬请读者批评指正。

夏国清
2023 年 9 月

目录

1

项目三　实时数据库采集工具 Canal 和 Maxwell / 113

项目四　ELK 日志采集技术栈 / 148

项目五　ETL 工具——Kettle / 186

项目一

网络数据采集

项目导航

知识目标

① 了解爬虫的概念和基本原理。
② 掌握在 Python 中实现爬虫请求的 urllib 库和 requests 库。
③ 掌握常见的数据解析的方法（正则表达式、BeautifulSoup、XPath、PyQuery）。
④ 掌握爬取动态渲染网页数据的知识。
⑤ 了解与网络爬虫有关的法律法规。

技能目标

① 能叙述爬虫的原理，具有通过 urllib 或 requests 库实现请求并获得 HTML 源码的能力。
② 能利用正则表达式、BeautifulSoup、XPath、PyQuery 进行网页数据的解析和提取。
③ 能开发基于 Selenium 的爬虫程序爬取动态渲染网页数据。
④ 能开发基于 Scrapy 的爬虫应用程序。

素养目标

① 能够从多个角度分析和解决问题，培养解决实际问题的能力。
② 树立法律意识，养成遵纪守法的习惯，增强道德意识和风险意识。

项目描述

互联网上有着千千万万的站点，公开的资源也极其丰富，很多时候都可以从互联网上直接搜寻到我们所需要的信息。然而通过人工采集的方式获取数据，其效率十分低下。此时可以通过网络爬虫程序去自动地进行数据分析和数据提取，这样可以大大提高数据采集的效率并减轻人工的负担。

在本项目中我们将通过四个任务来学习爬虫的相关内容。

任务一 认识网络爬虫

案例导入

以打开数字中国建设峰会（以下简称数字中国）官网为例，在地址栏中输入相应网址，其网站首页页面如图 1-1-1 所示。那么如何能用程序来模拟用户的这个访问过程呢？

图 1-1-1 第六届数字中国建设峰会官网首页

思考：用户按下回车键后，浏览器显示了网站的首页。那么，从用户按下回车键到浏览器加载出页面这段时间发生了什么？对于其中的页面数据，我们又该如何获取呢？

任务导航

在本任务中，我们将完成一个爬虫程序，用来向数字中国官网发送请求以获得其首页的 HTML 源码，最后将源码保存到文件中。下面让我们根据知识框架一起开始学习吧！

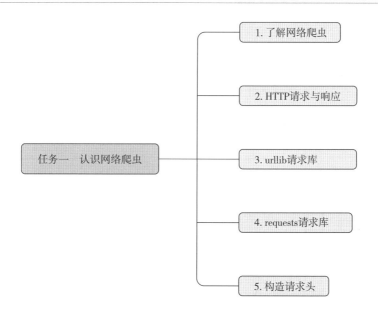

一、了解网络爬虫

什么是网络爬虫？它有什么作用？它的功能是怎样实现的？可能初学者会有这样一系列的疑问，下面就来——解答这些疑问。

（一）什么是网络爬虫

网络爬虫（又称网页蜘蛛或网络机器人）是一种按照一定的规则，自动地抓取互联网上的信息的程序或脚本。它针对既定的抓取目标，有选择地访问网页及相关的链接，获取所需要的数据资源。由于网络爬虫系统能为搜索引擎系统提供数据来源，所以很多大型的网络搜索引擎系统都被称为基于Web数据采集的搜索引擎系统，包括Google、百度等著名的搜索引擎都是通过爬虫获取信息的，由此可见网络爬虫的重要性。

网络爬虫可以沿着网页中的通道（指向其他网页的超链接）获取多个网页中的数据。一般来说，互联网中的网页不是独立存在的，多个网页通过超链接互相连接，形成一个类似于蛛网的网络，网络爬虫可以沿着这个网络爬取网页上的数据，整个网页上的数据对爬虫来说"触手可及"。本项目将会介绍利用Python实现网络爬虫。

（二）网络爬虫的应用

网络爬虫有非常广泛的应用。目前网络爬虫主要应用于对万维网数据的挖掘，典型的应用就是搜索引擎。除了搜索引擎之外，越来越多的网络爬虫也广泛应用于工作与生活中。

在大数据时代，数据的采集是一项重要的工作，如果单靠人力进行信息采集，不仅效率低下，过程繁琐，搜集数据的成本也较高。此时，如果使用网络爬虫对数据信息进行自动采集，则会大大提高数据采集的效率。网络爬虫的应用领域十分广泛，它可以应用于搜索引擎中对站点进行爬取收录，应用于数据分析与挖掘中对数据进行采集，应用于金融分析中对金融数据进行采集。此外，还可以将网络爬虫应用于舆情监测与分析、目标客户数据收集等领域。

通过网络爬虫的学习，读者可以设计并实现一款小型的搜索引擎。当然，这个爬虫在性能或者算法上可能比不上主流的搜索引擎，但是其个性化的程度会非常高，并且也有利于读者更深层次地理解搜索引擎内部的工作原理。

（三）网络爬虫的基本流程

网络爬虫的基本流程如图 1-1-2 所示，各个流程的说明如下。

（1）首先选取一部分精心挑选的种子 URL。

（2）将这些种子 URL 放入待抓取 URL 队列。

（3）从待抓取 URL 队列中取出待抓取 URL，解析 DNS（domain name system，域名解析系统），得到主机的网络协议地址（internet protocol address），将 URL 对应的网页下载下来，存储进已下载的网页源码库中。然后，将这些 URL 放进已抓取 URL 队列。

（4）分析已抓取 URL 队列中的 URL，分析其中是否包含未抓取的 URL，并将未抓取的 URL 放入待抓取 URL 队列，从而进入下一个循环。

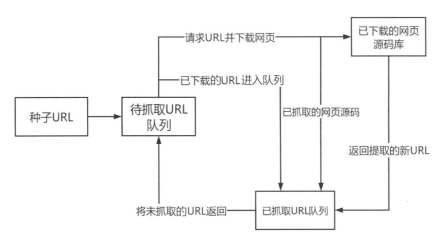

图 1-1-2　网络爬虫的基本流程

（四）什么是 HTTP 请求与响应

以打开数字中国网站为例，在输入网址、按下回车键这个过程中，到底发生了什么呢？

其实这个过程涉及 DNS 解析、TCP 连接的建立与关闭、HTTP 请求与响应等多个阶段。其中最重要的一个过程就是 HTTP 请求与响应，我们可以将浏览器看作客户端（client），网站的服务器就是服务端（server），它们通过发送 HTTP 请求来通信。HTTP 通信过程如图 1-1-3 所示。

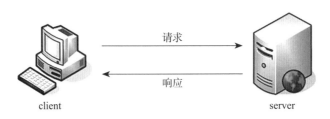

图 1-1-3　HTTP 通信过程

（五）什么是 HTTP 消息

通常超文本传输协议（hyper text transfer protocol，HTTP）的消息简称 HTTP 消息，包括客户机向服务器的请求消息和服务器向客户机的响应消息。

这两种类型的消息由起始行、头域及代表头域结束的空行和可选的消息体组成。HTTP 的头域包括通用头、请求头、响应头和实体头 4 个部分。每个头域由域名、冒号（:）和域值 3 个部分组成。域名不区分大小写，域值前可以添加任何数量的空格符，头域可以被扩展为多行，在每行开始处，使用至少一个空格或制表符。

客户端首先会发送一个 HTTP 请求到服务器。HTTP 请求是由 4 个部分组成的，分别是请求行、请求头、空行、请求体（数据）。HTTP 请求消息的一般格式如图 1-1-4 所示。

请求方法	空格	URL	空格	协议版本	回车符	换行符	请求行
头部字段名	:	值			回车符	换行符	请求头
……							
头部字段名	:	值			回车符	换行符	
回车符	换行符						
数据							请求体

图 1-1-4　HTTP 请求消息的一般格式

服务器接收到 HTTP 请求之后会做出响应。HTTP 响应也是由 4 个部分组成的，分别是状态行、响应头、空行以及响应体。HTTP 响应消息的一般格式如图 1-1-5 所示。

版本	空格	状态码	空格	协议版本	回车符	换行符	状态行
头部字段名	:	值			回车符	换行符	响应头
……							
头部字段名	:	值			回车符	换行符	
回车符	换行符						
数据							响应体

图 1-1-5　HTTP 响应消息的一般格式

在客户端和服务端的一个来回通信中还包含了一些其他的术语，相关的介绍如下。

（1）Request URL：表示请求的 URL。

（2）Request Method：表示请求的方法，常见的有 GET 和 POST。除此之外，HTTP 的请求方法还有 OPTION、HEAD、DELETE、PUT 等。

① GET：表示向指定的资源发出"显示"请求。

② POST：表示向指定资源提交数据，请求服务器进行处理（如提交表单或上传文件），数据包含在请求体中。这个请求可能会创建新的资源、修改现有资源，或二者皆有。

（3）Status Code：显示 HTTP 请求和状态码，表示 HTTP 请求的状态。此处显示 200，表示请求已被服务器接收、理解和处理。状态码的第一个数字代表当前响应的类型。HTTP 协议中有以下几种响应类型。

① 消息：请求已被服务器接收，继续处理。

② 成功：请求已成功被服务器接收、理解并接受。

③ 重定向：需要后续操作才能完成这一请求。

④ 请求错误：请求含有语法错误或者无法被执行。

⑤ 服务器错误：服务器在处理某个正确请求时发生错误。

（4）HTTP 请求头包括以下内容。

① Cookie：为了辨别用户身份、进行 session 跟踪而储存在用户本地的数据。

② User-Agent：表示浏览器标识。

③ Accept-Language：表示浏览器所支持的语言类型。

④ Accept-Charset：告诉 Web 服务器浏览器可以接受哪些字符编码。

⑤ Accept：表示浏览器支持的多用途互联网邮件扩展（multipurpose internet mail extensions，MIME）类型。

⑥ Accept-Encoding：表示浏览器有能力解码的编码类型。

⑦ Connection：表示客户端与服务器连接的类型。

在网络数据采集业务中，读取 URL、下载网页是爬虫必备的功能，需要和 HTTP 消息打交道。

二、 实现爬虫的请求

了解爬虫的相关知识后，接下来就是在程序中去实现它。有很多语言都可以实现爬虫程序，其中以 Python 语言最为方便，Python 提供了丰富的官方包和第三方开发的爬虫库，是我们做爬虫程序开发的利器。下面介绍 urllib 和 requests 两个请求库。

（一）用 urllib 实现 HTTP 请求

urllib 是 Python 内置的实现网络请求的模块，可以快速实现 HTTP 请求。在爬取网页数据时，用户只需关注请求的 URL 格式、请求的参数和请求头类型，而不需要关心其底层是怎样实现的。

先来实现一个完整的请求与响应模型。urllib 提供了一个基础函数 urlopen，通过向 URL 发出请求来获取数据。使用 urlopen 函数时，首先需要导入 urllib 中的 request 模块，这是最基本的 HTTP 请求模块，可以模拟请求的发送。

例 1-1-1：实现一个完整的请求与响应模型，示例代码如下所示。

```
import urllib.request
res = urllib.request.urlopen('http://www.tup.tsinghua.edu.cn')
print(res.read().decode('utf-8'))
```

上述代码是一个请求网页的案例，运行代码，部分输出结果如下（篇幅限制，只截取一部分）。

```
<html xmlns="http://www.w3.org/1999/xhtml">
<head>
```

```
    <title></title>
</head>
<script type="text/javascript">
    // 平台、设备和操作系统
    var system = {
        win: false,
        mac: false,
        x11: false
    };
</script>
<body>


</body>
</html>
```

实际上，如果我们打开某网站的首页（这里使用的网址为 www.tup.tsinghua.edu.cn），在页面上右击鼠标并选择"检查"快捷菜单项，浏览器会弹出浏览器的开发者面板（以谷歌浏览器为例，其他浏览器类似），在开发者面板的"元素"选项卡中就会显示网页的源代码，和刚才输出的内容一模一样。也就是说，例 1-1-1 仅仅用了几行代码，就能把网站首页的代码都下载下来。

其实可以将上面对网站的请求响应分为两步，第一步是请求，第二步是响应。

例 1-1-2：将对网站的请求响应分成两步，示例代码如下所示。

```python
import urllib.request
# 请求
req=urllib.request.Request('http://www.tup.tsinghua.edu.cn')
# 响应
res = urllib.request.urlopen(req)
html=res.read().decode('utf-8')
print(html)
```

当我们把请求响应步骤分为两步后，就需要构建一个 Request 对象来作为 urlopen 方法的参数。与此同时，我们可以在 Request 对象中传入更多的内容，如添加 Cookie 信息、设置要接收的类型。

例 1-1-1 和例 1-1-2 发送的都是 GET 请求，接下来讲解 POST 请求。使用 urllib 发送 POST 请求和发送 GET 请求类似，只是增加了请求数据。

例 1-1-3：发送 POST 请求，示例代码如下所示。

```python
import urllib.request
url = 'http://www.tup.tsinghua.edu.cn/member/dl.aspx'
fields = {
```

```
        'username':'qiye',
        'password':'qiye_pass'
}
# 将数据进行编码
postdata = urllib.parse.urlencode(fields).encode('utf-8')
# 构建 request 请求
req = urllib.request.Request(url,postdata)
# 发送请求
res = urllib.request.urlopen(req)
print(res.read().decode('utf-8'))
```

在进行注册、登录等操作时，表单信息会通过 POST 传递。我们需要分析页面结构，构建表单数据 fields，使用 urlencode() 进行编码处理。经过编码处理后会返回字符串，此时指定 UTF-8 为编码格式得到 postdata。POST 发送的数据必须是字节类型或文件对象。最后再通过 Request() 传递 postdata，使用 urlopen() 方法发送请求。有时候即便 POST 请求的数据是正确的，服务器也会拒绝访问。问题出在请求头信息中，服务器会检查请求头，根据请求头判断是否是来自浏览器的访问，这也是反爬的常用手段。

接下来对请求头 Headers 进行处理，将上面请求网页的案例改写一下，加上请求头信息，设置请求头中的 User-Agent 域和 Referer 域信息。

例 1-1-4：在构造请求时设置请求头，示例代码如下所示。

```
# 请求头 Headers 处理：设置请求头中的 User-Agent
import urllib.request
url = 'http://www.tup.tsinghua.edu.cn/member/dl.aspx'
data = {
        'username' : 'qiye',
        'password' : 'qiye_pass'
}
headers = {
        'User-Agent':'Mozilla/5.0 (WindowsNT10.0; Win64; x64) AppleWebKit/537.36 (KHTML, likeGecko)
Chrome/60.0.3112.113 Safari/537.36'
}
res = urllib.request.urlopen('post',url+"/post",data=data,headers=headers)
print(res.read().decode())
```

如果我们对网页的访问过于频繁，那么网站服务器可能会屏蔽对应 IP 地址，此时我们可以使用 IP 代理。首先，通过互联网上公开的 IP 代理网站找到一个可用的 IP 地址，然后通过 IP 地址构建 ProxyHandler 对象，将 HTTP 和代理 IP 地址以字典形式作为参数传入，设置代理服务器的信息，构建 opener 对象，将 ProxyHandler 对象传入，再使用 opener 中的 open() 方法发送 HTTP 请求。

例 1-1-5：使用代理实现请求，示例代码如下所示。

```
# 使用 IP 代理
import urllib.request
# 创建 Handler 对象，添加代理 IP
httpproxy_hander = urllib.request.ProxyHandler({"http": "183.221.241.103:9443"})
# 创建 opener 对象
opener = urllib.request.build_opener(httpproxy_hander)
# 创建 request 对象
request = urllib.request.Request('http://www.tup.tsinghua.edu.cn')
# 发送请求
res = opener.open(request)
print(res.read())
```

假设需要爬取几百个网站，在抓取时部分网站可能无法响应或者需要等待几十秒才能返回数据，那么程序运行将需要长时间的等待，这显然是不可行的。此时可以设置一个请求超时时间，一旦超过这个时间并且服务器没有返回响应内容，程序就会抛出一个超时异常，可以用 try 语句来捕获该异常。在例 1-1-5 的基础上添加超时设置，如例 1-1-6 所示。

例 1-1-6：在构造的请求中设置超时时间参数，示例代码如下所示。

```
#IP 代理添加超时参数
import urllib.request
# 创建 Handler 对象，添加代理 IP
httpproxy_hander = urllib.request.ProxyHandler({"http": "183.221.241.103:9443"})
# 创建 opener 对象
opener = urllib.request.build_opener(httpproxy_hander)
# 创建 request 对象
request = urllib.request.Request('http://www.tup.tsinghua.edu.cn')
# 发送请求
res = opener.open(request,timeout=2)
print(res.read())
```

在此基础上，发送 HTTP 请求时可能会抛出异常，需要添加异常处理语句捕获异常。网络请求常见的异常主要有 URLError、HttpError 两种。

例 1-1-7：以 URLError 为例，添加异常处理，示例代码如下所示。

```
#IP 代理添加超时参数
import urllib.request
# 创建 Handler 对象，添加代理 IP
httpproxy_hander = urllib.request.ProxyHandler({"http": "183.221.241.103:9443"})
# 创建 opener 对象
opener = urllib.request.build_opener(httpproxy_hander)
```

```
# 创建 request 对象，设置一个不存在的 url
req = urllib.request.Request('http://www.abcdssg.com')
# 发送请求，添加 try 捕获异常
try:
    res = opener.open(req)
except urllib.error.URLError as err:
    print(err)
print(res.read())
```

运行代码后，输出的结果如下。

<urlopen error [WinError 10060] 由于连接方在一段时间后没有正确答复或连接的主机没有反应，连接尝试失败。>

此次请求失败的原因为没有找到指定的服务器。

（二）用 requests 实现 HTTP 请求

requests 是用 Python 语言编写的基于 urllib 的第三方 HTTP 请求库，采用的是 Apache2 Licensed 开源协议。requests 比 urllib 更加方便，可以节约大量的工作。使用 requests 实现网络爬虫的步骤：使用 requests 库发起网络请求获取 HTML（hype text markup languge，超文本标记语言）文件；利用正则表达式等字符串解析手段或者 Beautiful Soup 库（第三方库）对获取到的 HTML 文件进行解析，实现信息提取。

1. 安装 requests 库

requests 需要先安装再使用。requests 的安装方式一般有两种。

（1）使用 pip 安装，安装的命令如下所示。

```
pip install requests
```

（2）在 Github 网站上下载 requests 的源代码，将源代码压缩包进行解压缩，然后进入解压缩的文件夹，运行 setup.py 文件即可完成安装。

2. 使用 requests 构造请求

（1）构造基本的 GET 请求。

例 1-1-8：实现一个完整的 GET 请求与响应模型，示例代码如下所示。

```
import requests
r = requests.get('http://www.szzg.gov.cn/')
print(r.content)
```

通过例 1-1-8 可以看到，requests 发起请求的实现方式比 urllib 简洁得多。

（2）构造 POST 请求。requests 实现 POST 请求同样非常简单，且更加具有 Python 风格。

例 1-1-9：实现一个完整的 POST 请求与响应模型，示例代码如下所示。

```
import requests
postdata={'key':'value'}
r = requests.post('http://httpbin.org/post',data=postdata)
print(r.content)
```

（3）在 GET 请求中传递参数。

在日常生活中，我们会经常看到类似 " http://zzk.cnXX XX.com/s/blogpost?Keywords=blog:qiyeboy &pageindex=1"的 URL 链接，这种链接在网址后面会紧跟着一些特殊的字符串，而这些字符串其实是请求携带的参数。那么携带参数的 GET 请求该如何发送呢？一般来说，通过直接完整的 URL 就可以发起请求，不过 requests 还提供了通过传递参数发送 GET 请求的方式。

例 1-1-10：在 GET 请求中传递参数，示例代码如下所示。

```
import requests
payload = {'Keywords': 'blog:qiyeboy','pageindex':1}
r = requests.get('http://zzk.cnblogs.com/s/blogpost?', params=payload)
print(r.url)
```

通过打印结果可以看到最终的 URL 变成了如下所示的 URL 地址。

```
http://zzk.cnblogs.com/s/blogpost?Keywords=blog:qiyeboy&pageindex=1
```

例 1-1-11：实现一个完整的 HTTP 请求模型，示例代码如下所示。

```
import requests
url='http://zzk.cnblogs.com/'
data=requests.get(url)
print(data.status_code)
print(data.content)
```

借助 requests 库通过几行代码就完成了一个简单的对某网站的 HTTP 请求。例 1-1-11 中的第一个 print 语句输出了这个请求的状态码，结果返回的是 200，表示访问正常。例 1-1-11 中的最后一个 print 语句是输出响应的二进制内容。执行代码，得到的响应内容（只截取了部分）如图 1-1-6 所示。

```
200
b'<!DOCTYPE html]\n<html lang="zh-cn">\n<head>\n    <meta charset="utf-8" />\n  <
meta name="viewport" content="width=device-width, initial-scale=1" />\n    <meta na
me="referrer" content="always" />\n    <meta http-equiv="X-UA-Compatible" content
="IE=edge" />\n    <title>\xe5\x8d\x9a\xe5\xae\xa2\xe5\x9b\xad - \xe5\xbc\x80\xe5\x
8f\x91\xe8\x80\x85\xe7\x9a\x84\xe7\xbd\x91\xe4\xb8\x8a\xe5\xae\xb6\xe5\x9b\xad</tit
le>\n        <meta name="keywords" content="\xe5\xbc\x80\xe5\x8f\x91\xe8\x80\x85, \x
e7\xa8\x8b\xe5\xba\x8f\xe5\x91\x98, \xe5\x8d\x9a\xe5\xae\xa2\xe5\x9b\xad, \xe7\xa8\x8
b\xe5\xba\x8f\xe7\x8c\xbf, \xe7\xa8\x8b\xe5\xba\x8f\xe5\xaa\x9b, \xe6\x9e\x81\xe5\xae
\xa2, \xe7\xa0\x81\xe5\x86\x9c, \xe7\xbc\x96\xe7\xa8\x8b, \xe4\xbb\xa3\xe7\xa0\x81, \xe
8\xbd\xaf\xe4\xbb\xb6\xe5\xbc\x80\xe5\x8f\x91, \xe5\xbc\x80\xe6\xba\x90, IT\xe7\xbd\x
91\xe7\xab\x99, \xe6\x8a\x80\xe6\x9c\xaf\xe7\xa4\xbe\xe5\x8c\xba, Developer, Programme
r, Coder, Geek, Coding, Code" />\n        <meta name="description" content="\xe5\x8d\x9
```

图 1-1-6　响应内容

可以看到"print(data.content)"的输出是以一个字母 b 开头的，表示输出的是二进制数据，而网页中的中文字符在二进制编码下就会显示成乱码。如果要让中文字符正常显示，一般用"data.text"命令，有时还需要设置编码。

(三) 构造请求头

很多网站能接收用户的正常访问请求，但却拒绝由爬虫程序发起的请求，这是因为服务器后端对请求头做了限制。如果一个爬虫频繁地发送请求，就会占用站点服务器的资源，影响用户的正常访问。

现在不少网站都采用各种反爬机制来识别爬虫，常用的方式包括：通过甄别访问请求的发起者的类型从而做出不同的响应；通过监测同一 IP 地址的访问频率从而过滤非法请求；通过验证码过滤请求。反爬的保护策略比较多，也在不断发展之中。在学习爬虫的过程中，我们应该了解与网络爬虫有关的法律法规，树立遵守法律的意识，以正确合法的方式使用爬虫。

既然许多站点采用了反爬技术，那么爬虫是否就无法工作了呢？答案是否定的，我们还可以通过一些手段绕开限制。这里只对绕开甄别访问请求的反爬机制做一下介绍。

用 urllib 或 requests 编程实现向服务器发送请求，服务器接收后会进行一些判断，查看此次请求是用户的访问还是程序发起的请求，那么服务器是通过什么信息判断呢？

用浏览器（Edge 或 Chrome 都可以）打开数字中国的首页，进入到开发者面板（按"Ctrl+Shift+I"组合键），单击"网络"选项卡，刷新一下网页，可以看到用户正常访问时的请求头信息，如图 1-1-7 所示。

图 1-1-7　用户正常访问时的请求头信息

在"名称"列单击第 1 个文件"www.szzg.gov.cn"（它是一个 document 类型，是最初请求的文件），打开该文件的服务器响应信息列表，查看"标头"选项卡下的内容，它展示了请求头（headers）信息，图 1-1-7 中加了方框的两处分别是"Cookie"和"User-Agent"。这两处信息很重要，可以让服务器判别正在访问的用户的身份。Cookie 是保存在客户机上的用户信息，在一次访问的会话过程中通过 Cookie 可以免于重复验证用户身份，而 User-Agent 的作用主要是告诉服务器用户的浏览器类型，让服务器根据不同类型的浏览器返回不同的响应结果。

前面在使用 urllib 或 requests 发送请求时没有设置这些内容，所以服务器能很方便地判别出这些请求不是正常用户的访问请求，如果站点采用了反爬机制，就不会给出正常的响应，我们就得不到需要的数据了。

那么如何解决这个问题呢？换句话说，如何让我们的程序发出的请求可以模仿用户的正常访问呢？答案是复制浏览器发送的请求的 Cookie 和 User-Agent 信息，将这些信息构造成一个字典类型的数据，添加到由程序构造的请求中。此外，还可以使用 fake-useragent 库获取随机的 User-Agent 信息。

下面以猫眼电影栏目榜单为例，对比添加 Cookie 和 User-Agent 请求头前后发起请求返回数据的变化。

例 1-1-12：直接请求猫眼电影榜单栏目，示例代码如下所示。

```
import requests
myurl = "https://www.maoyan.com/board"
res = requests.get(myurl)
res.encoding = "utf-8"
print(res.text)
```

运行该代码可以发现，从输出的网页源码中找不到该页面上的影片数据。这说明不添加 Cookie 和 User-Agent 直接请求是得不到影片数据的。

接下来为该段代码添加请求头。用 Chrome 浏览器打开猫眼电影榜单的网页，然后切换到开发者面板，找到"名称"列中的文件"board"，单击该文件，打开响应信息清单，分别复制 Cookie 和 User-Agent 两项的值。

例 1-1-13：在请求中构造请求头信息，示例代码如下所示。

```
import requests
myurl = "https://www.maoyan.com/board"
# 构造目标网站的请求头，请求头是一个字典类型的数据
myheaders = {
    'User-Agent' : 'Mozilla/5.0 (Windows NT 10.0; Win64; x64) AppleWebKit/537.36 (KHTML, like Gecko) Chrome/113.0.0.0 Safari/537.36',          # 注意，这里有个英文逗号
    'Cookie' : 'uuid_n_v=v1; uuid=......-f4c-c81-25‖8'
# 注：Cookie 内容太长，本书省略了中间部分
}
res = requests.get(url=myurl, headers=myheaders)
# 在 get() 函数中通过 headers 关键字参数应用请求头
res.encoding = "utf-8"
print(res.text)
```

运行例 1-1-13 中的代码后，可以从输出中找到电影的数据。通过构造请求头数据就可以将程序发出的请求伪装成用户正常访问的请求，从而突破服务器对爬虫的限制。

当然，用构造请求头突破网站反爬限制的方法只对部分网站有用。在后面的项目中还会介绍基于 Selenium 的爬虫，它适合更多的网站。

三、 任务实践

学习了前面的知识后，下面分别使用 urllib 库和 requests 库来实现任务导航中的要求，即获得数字中国首页的 HTML 源码并将源码保存到文件中。

（1）使用 urllib 库实现请求，示例代码如下所示。

```
import urllib.request

headers = {
    "User-Agent": "Mozilla/5.0 (Windows NT 10.0; Win64; x64) AppleWebKit/537.36 (KHTML, like Gecko) Chrome/115.0.0.0 Safari/537.36",
    "Cookie": "Secure; insert_cookie=77731460"
}
url = 'http://www.szzg.gov.cn/'
request = urllib.request.Request(url=url, headers=headers)    # 构造请求对象
response = urllib.request.urlopen(request)                    # 发送请求获得响应
html = response.read().decode('utf-8')                        # 解码获得源码
print(html)
with open('szzg_index.txt', 'w', encoding='utf-8') as file:   # 写入文本文件
    file.write(html)
```

（2）用 requests 库实现请求，示例代码如下所示。

```
import requests

headers = {
    "User-Agent": "Mozilla/5.0 (Windows NT 10.0; Win64; x64) AppleWebKit/537.36 (KHTML, like Gecko) Chrome/115.0.0.0 Safari/537.36",
    "Cookie": "Secure; insert_cookie=77731460"
}
url = 'http://www.szzg.gov.cn/'
response = requests.get(url=url, headers=headers)    # GET 请求获得响应
response.encoding = 'utf-8'                          # 设置响应的编码为 utf-8
html = response.text                                 # 解码获得源码
print(html)
with open('szzg_index2.txt', 'w', encoding='utf-8') as file:   # 写入文本文件
    file.write(html)
```

分别运行两段代码，可以看到它们的输出结果是一样的，在代码的 Python 文件所在目录下分别生成了 szzg_index1.txt 和 szzg_index2.txt 两个文件，文件内容如图 1-1-8 所示。

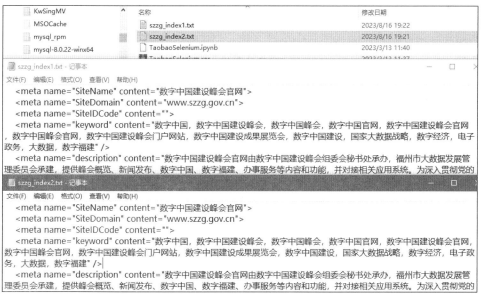

获取网页源码

图 1-1-8 szzg_index1.txt 和 szzg_index2.txt 的文件内容

— 巩/固/与/提/高 —

请使用 requests 库向 http://www.gdpt.edu.cn/ 发送请求，获得首页的源码并打印出来。

在线测试 1

任务二 解析数据

案例导入

完成任务一的学习后，我们可以通过爬虫程序向服务器发出请求，从而获得服务器的响应对象，其中包含了整个网页的 HTML 源码。但是获取的源码数据比较庞大、杂乱，并且其中大部分的数据并不是人们所关心的。针对这种情况，需要对爬取的数据进行过滤筛选，去掉没用的数据，留下有价值的数据。下面以名人引言网站（http://quotes.toscrape.com/）为例，学习从网页源码中解析出有价值的引言数据。名人引言网站首页如图 1-2-1 所示。

图 1-2-1 名人引言网站首页

> **思考：**你知道几种数据解析方式？

任务导航

在本任务中，我们将学习解析 HTML 网页中的数据。数据解析是 Python 网络数据爬虫开发中非常关键的步骤。HTML 网页的数据解析方式有很多种，本任务将从使用正则表达式解析、使用 BeautifulSoup 解析、使用 XPath 解析和使用 PyQuery 解析 4 个方面进行介绍。

图 1-2-1 所示的是一个展示名人引言的站点，它共有 10 个页面，每个页面展示 10 条引言。每条引言数据由引言内容、引言作者、引言标签 3 项信息构成。在网站页面底部有一个 Next 翻页按钮可以跳转到下一页。学会用数据解析任意一种方式将这 10 页共 100 条名人引言的数据爬取下来，并且保存到 CSV 文件 quotes.csv 中。下面让我们根据知识框架一起开始学习吧！

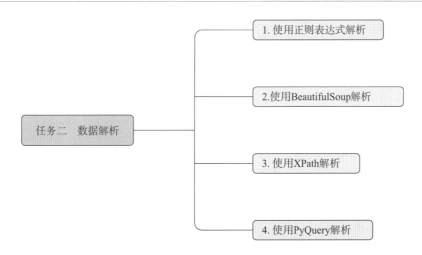

一、使用正则表达式解析

简单地说，正则表达式是一种可以用于模式匹配和替换的强大工具。在几乎所有的基于 Unix/Linux 系统的软件工具中都能找到正则表达式的痕迹，如 Perl 或 PHP 脚本语言。此外，JavaScript 这种脚本语言也提供了对正则表达式的支持。正则表达式已经成为一个通用的工具，被各类技术人员广泛使用。

（一）语法与使用

正则表达式是一个很强大的字符串处理工具，几乎任何关于字符串的操作都可以使用正则表达式来完成。对于数据采集工作者来说，需要每天和字符串打交道，正则表达式更是不可或缺的技能。正则表达式在不同开发语言中的使用方式可能不一样，但只要学会了任意一门语言的正则表达式用法，就能在其他语言中快速掌握，它们在本质上都是一样的。

首先，Python 中的正则表达式用法大致分为元字符、模式、函数、re 内置对象、分组和环视。

其次，所有关于正则表达式的操作都使用 Python 标准库中的 re 模块，部分正则表达式的匹配规则如表 1-2-1 所示。

表 1-2-1　部分正则表达式的匹配规则

模式	描述	模式	描述
.	匹配任意字符（不包括换行符）	\A	匹配字符串开始位置，忽略多行模式
^	匹配开始位置，多行模式下匹配每一行的开始	\Z	匹配字符串结束位置，忽略多行模式
$	匹配结束位置，多行模式下匹配每一行的结束	\b	匹配位于单词开始或结束位置的空字符串
*	匹配前一个元字符 0 次式 n 次	\B	匹配不在单词开始或结束位置的空字符串
+	匹配前一个元字符 1 次式 n 次	\d	匹配一个数字，相当于 [0—9]
?	匹配前一个元字符 0 到 1 次	\D	匹配非数字，相当于 [^0—9]

模式	描述	模式	描述
{m,n}	匹配前一个元字符 m 到 n 次	\s	匹配任意空白字符，包括空格、制表符、换页符等，相当于 [\t\n\r\f\v]

（二）正则表达式函数

正则表达式是一个特殊的字符序列，它能帮助你方便地检查一个字符串是否与某种模式匹配。Python 自 1.5 版本之后就增加了 re 模块，提供了 Perl 风格的正则表达式模式。re 模块使 Python 语言拥有全部的正则表达式功能。使用 re.compile() 函数可以将一个正则表达式字符串和可选的标志参数编译成一个模式对象。该对象拥有一系列用于正则表达式匹配和替换的方法。

re 模块也提供了与这些方法功能完全一致的函数。这些函数使用一个模式对象作为它们的第一个参数。下面主要介绍 Python 中常用的正则表达式函数。

1. re.match 函数

re.match 函数按照从字符串的起始位置匹配的规则，该函数的语法如下所示。

```
re.match(pattern, string, flags=0)
```

re.match 函数参数说明如表 1-2-2 所示。

表 1-2-2　re.match 参数说明

参数	描述
pattern	匹配的正则表达式
string	要匹配的字符串
flags	标志位，用于控制正则表达式的匹配方式，如是否区分大小写、是否是多行匹配等

若匹配成功，则 re.match 函数返回一个匹配的对象，否则返回 None。可以使用 group(n) 或 groups() 函数来获取匹配的结果，示例代码如下所示。

```
import re
content = 'Hello 1234567 World_This tel 11012345457 is a Regex Demo'
pattern1 = re.compile("Hello\s(\d{7})\sWorld_This\stel\s(\d+)\sis')    #编译得到模式
result1 = re.match(pattern1, content)                                  #在 re.match() 中应用模式
print(' 数字: ', result1.group(1))
print(' 电话号码: ', result1.group(2))
print(result1.group())
```

运行后的输出结果如下所示。

数字: 1234567

电话号码：18512345457
Hello 1234567 World_This tel 18512345457 is

可以看到，我们用模式中的"(\d{7})"成功匹配到了"1234567"，并用 group(l) 获取了它。后面用 group(2) 获取了模式中"(\d+)"匹配到的内容，即"18512345457"。group() 会输出完整的匹配结果，而 group(n) 会获得模式中第 n 个被"()"包围的匹配结果。

2. re.search 函数

re.search 函数用于扫描整个字符串，并返回第一个成功匹配的结果，该函数的语法如下所示。

```
re.search(pattern, string, flags=0)
```

re.search 函数参数说明如表 1-2-3 所示。

表 1-2-3 re.search 参数说明

参数	描述
pattern	匹配的正则表达式
string	要匹配的字符串
flags	标志位，用于控制正则表达式的匹配方式，如是否区分大小写、是否多行匹配等

若匹配成功，则 re.search 返回第一个成功匹配的对象，否则返回 None，示例代码如下所示。

```
import re
html = '''
<div id="institution">
<ul>
<li class="xz"><a href="jwb.html"> 教务部 </a></li>
<li id="finance" class="xz"><a href="cwb.html"> 财务部 </a></li>
</ul>
</div>
'''
pattern2 = re.compile('<a.*?href="(.*?)">(.*?)</a>', re.S)
result2 = re.search(pattern2, html)
if result:
    print(f' 部门：{result2.group(2)}，网址为：{result2.group(1)}')
```

运行后的输出结果如下所示。

部门：教务部，网址为：jwb.html

3. re.findall() 函数

re.findall() 的参数和 re.search() 一样，但是 re.findall() 可以匹配所有符合正则表达式的字符串，每次匹配到的目标会被构成元组，所有的元组以列表对象的形式返回，示例代码如下所示。

```
import re
html = '''
<div id="institution">
<ul>
<li class="xz"><a href="jwb.html"> 教务部 </a></li>
<li id="finance" class="xz"><a href="cwb.html"> 财务部 </a></li>
<li class="jx dept"><a href="fzxy.html"><span class="bold"> 纺织学院 </span></a></li>
<li class="jx dept"><a href="fzxy.html"> 服装学院 </a></li>
<li class="jx"><a class="jx" href="ggkb.html"> 公共课部 </a></li>
<li class="xz"><a href="hqb.html"> 后勤部 </a>
</ul>
</div>
'''
pattern3 = re.compile('<a.*?href="(.*?)">(.*?)</a>', re.S)
result3 = re.findall(pattern3, html)
if result3:
    print(result3)
```

运行后的输出结果如下所示。

```
[('jwb.html', ' 教务部 '), ('cwb.html', ' 财务部 '), ('fzxy.html', '<span class="bold"> 纺织学院 </span>'),
('fzxy.html', ' 服装学院 '), ('ggkb.html', ' 公共课部 '), ('hqb.html', ' 后勤部 ')]
```

二、 使用 BeautifulSoup 解析

通过正则表达式已经可以解析网页的数据，但是正则表达式写起来比较麻烦，有一点错误就会导致解析失败，编码效率较低。网页的 HTML 源码是一种类似于 XML 格式的文档，如果能够把它当做 XML 格式的文档处理，就可以高效地访问节点。

有很多第三方库就专门提供了对 XML 和 HTML 格式文档的处理功能，在这些第三方库中有一种叫做 BeautifulSoup 的解析库。下面介绍 BeautifulSoup 解析库的安装及用法。

(一) 安装 BeautifulSoup 库

本书使用的版本是 BeautifulSoup 4。它在解析数据时还需要调用解析器，最常用的是 lxml 解析器。我们还需要安装 BeautifulSoup 库和 lxml 库。安装这两个第三方库都比较简单，在 Windows 中打开命令窗口执行如下命令。

```
pip install beautifulsoup4
pip install lxml
```

当看到执行结果中出现 Successfully installed... 字样时，表示对应的库安装成功，如图 1-2-2 所示。

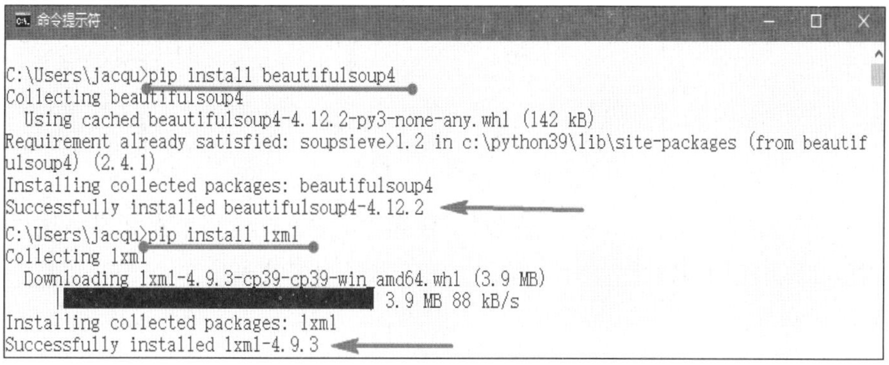

图 1-2-2 安装 Beautifulsoup 4 库和 lxml 库

（二）BeautifulSoup 解析用法

接下来学习使用 BeautifulSoup 解析的基本用法。假设例 1-2-1 中有一个字符串 html（本任务后面的例题都用此字符串来举例），它是类 HTML 格式的。

例 1-2-1：演示使用 BeautifulSoup 解析的基本用法，示例代码如下所示。

```
html = '''
<div id="institution">
<ul>
<li class="xz"><a href="jwb.html"> 教务部 </a></li>
<li id="finance" class="xz"><a href="cwb.html"> 财务部 </a></li>
<li class="jx dept"><a href="fzxy.html"><span class="bold"> 纺织学院 </span></a></li>
<li class="jx dept"><a href="fzgcxy.html"> 服装工程学院 </a></li>
<li class="jx"><a class="jx" href="ggkb.html"> 公共课部 </a></li>
<li class="xz"><a href="hqb.html"> 后勤部 </a>
</ul>
</div>
'''
from bs4 import BeautifulSoup          # 从 bs4 中引入 BeautifulSoup 模块
soup = BeautifulSoup(html,'lxml')      # 初始化对象
lis = soup.ul.li                       # 搜索 ul 下的 li（实际上是第一个 li）
print(type(lis))
print(lis)
print(lis.text)                        # 打印 li 节点的文本
```

运行该代码后，得到的输出结果如下所示。

```
<class 'bs4.element.Tag'>
<li class="xz"><a href="jwb.html"> 教务部 </a></li>
教务部
```

在例 1-2-1 中，可以看到初始化 soup 对象后，用 soup.ul.li 就可以得到第一个 li 节点，非常方便。

得到的节点对象类型为 bs4.element.Tag 对象，通过 text 属性可以得到该节点的非属性文本（实际上是其子节点 a 的文本）。

（三）节点选择器

在初始化得到了 soup 对象之后，可以通过 ". 节点名" 的方式选择节点元素，这种方式就称为节点选择器。BeautifulSoup 还可以使用嵌套选择、子节点和子孙节点、父节点和祖先节点、兄弟节点等关联选择方式来选择节点元素。

1. 嵌套选择

在例 1-2-1 中，soup.ul.li 就是一种嵌套选择的用法，它实际上是先通过 soup.ul 选择了字符串中的 ul 节点，返回的对象是 bs4.element.Tag 类型，再通过 .soup.ul.li 选择 li 节点，得到的结果依然是 bs4.element.Tag 类型。

2. 子节点和子孙节点

有时需要得到某个节点的子节点或子孙节点可以分别通过 children 或 descendants 属性获取，如例 1-2-2 所示。

例 1-2-2：输出 "纺织学院" 所在的 span 节点，示例代码如下所示。

```
lis = soup.ul.children
print(lis)
for i, li in enumerate(lis):
    print(i, li)
```

例 1-2-2 中选择了 ul 节点，再得到其子节点，也就是 6 个 li 节点。print(lis) 输出的是由所有子节点构成的一个生成器，是内存中的地址，无法直接看到内容。在 for 循环中用 enumerate() 处理 lis 是为了给每个子节点编号。运行该案例代码，截取的部分输出如下所示。

```
<list_iterator object at 0x0000020EE0114790>
0

1 <li class="xz"><a href="jwb.html"> 教务部 </a></li>
2

3 <li class="xz" id="finance"><a href="cwb.html"> 财务部 </a></li>
```

结果中每个子节点都是在一个从 0 开始的序号后面输出的。注意，输出后的结果中含有空行，这是因为每个 li 后有换行，所以在结果中也换行了。特别注意：在 BeautifulSoup 的节点中会把节点内部的文本及换行都看做是子节点。结果中编号为 0、编号为 2 的空行也是 ul 的子节点。

例 1-2-3：输出 ul 节点的所有子孙节点，示例代码如下所示。

```
zs = soup.ul.descendants
for i, z in enumerate(zs):
    print(i, z)
```

运行代码，得到的输出结果如下所示。限于篇幅，这里只截取开头和结尾的一部分输出结果。

```
0

1 <li class="xz"><a href="jwb.html"> 教务部 </a></li>
2 <a href="jwb.html"> 教务部 </a>
3 教务部
4

......
22 <li class="xz"><a href="hqb.html"> 后勤部 </a>
</li>
23 <a href="hqb.html"> 后勤部 </a>
24 后勤部
25
```

通过 soup.ul.descendants 得到的是 ul 的所有直接子节点和所有子孙节点（里面的每一层子孙都会得到）。

3. 父节点和祖先节点

要选择某个节点的父节点，可以通过 parent 属性获取；要得到某个节点的祖先节点，可以通过 parents 属性获取。它们的用法与 children 和 descendants 类似，这里就不举例了。

4. 兄弟节点

兄弟节点就是某个节点的同级节点。要取得某个节点的兄弟，可以使用 next_sibling、next_siblings、previous_sibling、previous_siblings 获取。next_sibling 表示下一个兄弟节点，next_siblings 表示后面的所有同级节点，previous_sibling 表示前面的一个同级节点，previous_siblings 表示前面的所有同级节点。下面通过例 1-2-4 来说明。

例 1-2-4： 演示 next_sibling 和 next_siblings 的用法，示例代码如下所示。

```
jwb_li = soup.ul.li
print(jwb_li)
enter_li = jwb_li.next_sibling          #教务部所在 li 节点的下一个兄弟节点是换行符
print(f'enter_li:{enter_li}')
cwb_li = enter_li.next_sibling          #第二个兄弟节点，即财务部所在的 li 节点
print(cwb_li)
print('----------'* 3)
others_li = cwb_li.next_siblings        #财务部所在 li 节点后面的所有兄弟节点
for i,li in enumerate(others_li):       #用 for 循环遍历
    print(f' 第 {i} 个兄弟节点：{li}')
```

运行代码，得到的输出结果如下所示。

```
<li class="xz"><a href="jwb.html"> 教务部 </a></li>
enter_li:
```

```
<li class="xz" id="finance"><a href="cwb.html"> 财务部 </a></li>
——————————————————————————
第 0 个兄弟节点：

第 1 个兄弟节点：<li class="jx dept"><a href="fzxy.html"><span class="bold"> 纺织学院 </span>
</a></li>
第 2 个兄弟节点：

第 3 个兄弟节点：<li class="jx dept"><a href="fzgcxy.html"> 服装工程学院 </a></li>
第 4 个兄弟节点：

第 5 个兄弟节点：<li class="jx"><a class="jx" href="ggkb.html"> 公共课部 </a></li>
第 6 个兄弟节点：

第 7 个兄弟节点：<li class="xz"><a href="hqb.html"> 后勤部 </a>
</li>
```

cwb_li.next_siblings 的结果是财务部所在的 li 节点后面的所有同级节点组成的生成器，可以用 for 循环遍历。在结果中，编号为 0、2、4、6 的几个节点都是换行符，所以显示空行，编号为 1、3、5、7 的都是 li 节点。

（四）提取节点信息

选择好节点后，就可以提取节点的属性信息或文本信息。提取属性信息可以用 attrs[属性名]，提取文本信息可以用 string、text 属性，还可用 get_text() 方法。

通过 string 和 text 这两个属性获取的节点内的非属性文本基本上是一样的，它们可以获得指定节点或者其子孙节点的文本。当某个节点的标签没有封闭的时候，用 string 属性不能获得结果，但是 text 属性可以获取结果，且 text 获取的结果最后有一个换行符。用 get_text() 方法也可获取未封闭标签内的文本，但不包含最后的换行符，这个和 text 属性稍有区别。

例 1-2-5：演示提取节点的非属性文本及节点属性的用法，示例代码如下所示。

```
jwb_li = soup.ul.li                       #选择第一个 li 节点，即教务部所在的 li 节点
print(f'jwb_li: {jwb_li}')
print(f'jwb_li.text = {jwb_li.text}')
enter_li = jwb_li.next_sibling
cwb_li = enter_li.next_sibling
print(f'cwb_li.string = {cwb_li.string}')
fzxy = soup.select('li:nth-child(3)')[0]     #使用 CSS 选择器选择纺织学院所在的 li 节点
print(fzxy)
print(f'fzxy.string = {fzxy.string}')
print(f' 教务部的超链接 href 属性：{jwb_li.a.attrs["href"]}')      #获得 a 节点 href 属性的值
```

```
print(f'纺织学院的超链接为：{fzxy.a.attrs["href"]}')              # 获得 a 节点 href 属性的值
print(f'纺织学院所在 li 节点的 class 属性为：{fzxy.attrs["class"]}') # 获得 class 属性的值
print('---------- 演示 text 和 string 的区别 -------------')
hqb = soup.select('li:last-child')[0]
print(f' 后勤部所在的 li：{hqb}')
print(f'hqb.string 的结果：{hqb.string}。')
print(f'hqb.text 的结果：{hqb.text}。')
print(f'hqb.get_text() 的结果：{hqb.get_text()}。')
```

运行代码，输出结果如下所示。

```
jwb_li: <li class="xz"><a href="jwb.html"> 教务部 </a></li>
jwb_li.text = 教务部
cwb_li.string = 财务部
<li class="jx dept"><a href="fzxy.html"><span class="bold"> 纺织学院 </span></a></li>
fzxy.string = 纺织学院
教务部的超链接 href 属性：jwb.html
纺织学院的超链接为：fzxy.html
纺织学院所在 li 节点的 class 属性为：['jx', 'dept']
---------- 演示 text 和 string 的区别 -------------
后勤部所在的 li：<li class="xz"><a href="hqb.html"> 后勤部 </a>
</li>
hqb.string 的结果：None。
hqb.text 的结果：后勤部

hqb.get_text() 的结果：后勤部
```

在例 1-2-5 中的 " soup.select('li:nth-child(3)')[0] " 一行用到了后面要介绍的 CSS 选择器，其中 " li:nth-child(3) " 表示选择第三个 li 节点，即纺织学院所在的 li 节点。

程序中第 10、第 11 行的 print() 语句是获取所在 li 内部的 a 节点的 href 属性，即超链接。

程序中第 12 行的 print() 语句是获取纺织学院所在的 li 节点的 class 属性，这个 li 的 class 有多个值，所以输出的是一个含有多个值的列表。

需要重点地关注一下最后 5 行代码的输出，这里使用 " select('li:last-child') " 选择了最后一个 li 节点（即后勤部所在的 li 节点），该 li 节点的 li 标签没有结束的 " </li> "，在用 string 属性获取文本时没有结果，所以显示 None。用 text 属性获取文本会有结果，最后的 "。" 换行是因为这种情况下 text 属性获取的文本末尾有个换行符。用 get_text() 方法也获取到了文本，但是文本末尾没有换行符。

(五) 方法选择器

BeautifulSoup 除了提供前面的节点选择器外，还提供了更灵活的方法选择器，主要有 find() 方法和 find_all() 方法。find() 方法查找的结果是符合要求的第一个节点（单个），而 find_all() 方法查找的结果是符合要求的多个节点构成的列表。除了返回结果类型不同外，它们的用法基本类似。两个方法的用法格式如下。

```
find(name, attrs, recursive, text, **kwargs)
```

其中各参数的含义如下。

（1）name：标签名或标签列表，可以是字符串或正则表达式。

（2）attrs：标签属性或属性字典，可以是字符串或字典。

（3）recursive：布尔值，表示是否对子孙节点进行递归搜索，默认为 True。

（4）text：可以是字符串或正则表达式，用于查找指定文本。

（5）kwargs：其他属性参数，如 class_。

下面通过例 1-2-6 来演示它们的用法。

例 1-2-6： 演示 find() 和 find_all() 方法，示例代码如下所示。

```
from bs4 import BeautifulSoup          # 从 bs4 中引入 BeautifulSoup 模块
import re                              # 引入正则表达式模块 re
soup = BeautifulSoup(html,'lxml')      # 初始化 BeautifulSoup 对象
# 多个查找条件，其中 text 为正则表达式
fzgcxy_a = soup.find(name='a', text=re.compile(' 服装 '))
print(f'fzgcxy_a = {fzgcxy_a}')
fzxy1 = soup.find(class_="jx")         # 查找到的是符合条件的第一个 li，即纺织学院
print(f'fzxy1 结果为：{fzxy1}')
two_dept = soup.find_all(name="li", class_="jx dept")  # 演示多个查找条件
print(f'two_dept 结果为：{two_dept}')
```

运行代码，输出结果如下所示。

```
fzgcxy_a=<a href="fzgcxy.html"> 服装工程学院 </a>
fzxy1 结果为：<li class="jx dept"><a href="fzxy.html"><span class="bold"> 纺织学院 </span>
</a></li>
two_dept 结果为：[<li class="jx dept"><a href="fzxy.html"><span class="bold"> 纺织学院 </span>
</a></li>, <li class="jx dept"><a href="fzgcxy.html"> 服装工程学院 </a></li>]
```

⚠ **注意：**

使用节点的 class 属性作查询条件时使用 " class_"。对于节点的 id 属性和 class 属性可以采用简化形式输入，如 id="finance"、class_="jx dept"，但如果是使用其他属性作为方法的查询条件则需要用 attrs 参数的一般形式，即 attrs={"id":"finance"} 的形式。

在例 1-2-6 中，" text=re.compile(' 服装 ')" 表示 text 参数传入了一个正则表达式，是搜索节点文字包含 "服装" 的节点的意思。

（六）CSS 选择器

前面介绍了节点选择器和方法选择器，除此之外还有更方便的选择器——CSS 选择器。在 HTML

文档中，很多节点标签都具有一些类似 id、class、name 等属性，在添加 CSS 时，经常会用节点上面的一些属性来定位节点标签。BeautifulSoup 的 Tag 对象的 CSS 选择器也是利用同样的原理来定位节点的。

使用 CSS 选择器时，需调用 Tag 对象的 select() 方法，在方法中传入节点相应的 CSS 选择器字符串。select() 方法返回的结果为列表类型，列表元素就是选中的节点。

例 1-2-7：演示 select() 方法，示例代码如下所示。

```python
from bs4 import BeautifulSoup          # 从 bs4 中引入 BeautifulSoup 模块
soup = BeautifulSoup(html,'lxml')       # html 为例 1-2-1 中定义的字符串
cwb = soup.select('#finance')           # 查找 id="finance" 的节点
print(f'cwb 的结果为：{cwb}')
print(f'cwb 中第一个元素为：{cwb[0]}，取出 cwb[0] 的文本为：{cwb[0].string}')
xz_lis = soup.select('li.xz')           # 查找 class 属性为 xz 的 li 节点
print(f'xz_lis 的结果为：\n{xz_lis}')
print('-------- 如果返回的列表元素依然是 Tag 类型对象，还可以嵌套调用 select() -------')
for li in xz_lis:
    print(f' 行政部门 "{li.text.strip()}" 的链接地址为：{li.a.attrs["href"]}。')


print('----------- 下面演示伪类选择器 --------------')
jwb = soup.select('li.xz:nth-child(1)')     # 查找 class 属性为 xz 的第一个 li 节点
print(f'jwb 的结果为：{jwb}')
print(f'jwb[0] 的结果为：{jwb[0]}')
print(f'jwb[0].text 的结果为：{jwb[0].text}')
hqb = soup.select('li:last-child')[0].text
print(f' 最后一个 li 中的文本为：{hqb}')
```

运行代码，输出结果如下所示。

```
cwb 的结果为：[<li class="xz" id="finance"><a href="cwb.html"> 财务部 </a></li>]
cwb 中第一个元素为：<li class="xz" id="finance"><a href="cwb.html"> 财务部 </a></li>，取出
cwb[0] 的文本为：财务部
xz_lis 的结果为：
[<li class="xz"><a href="jwb.html"> 教务部 </a></li>, <li class="xz" id="finance"><a href=
"cwb.html"> 财务部 </a></li>, <li class="xz"><a href="hqb.html"> 后勤部 </a>
</li>]
---------- 如果返回的列表元素依然是 Tag 类型对象，还可以嵌套调用 select() ----------
行政部门 " 教务部 " 的链接地址为：jwb.html。
行政部门 " 财务部 " 的链接地址为：cwb.html。
行政部门 " 后勤部 " 的链接地址为：hqb.html。
----------- 下面演示伪类选择器 --------------
jwb 的结果为：[<li class="xz"><a href="jwb.html"> 教务部 </a></li>]
jwb[0] 的结果为：<li class="xz"><a href="jwb.html"> 教务部 </a></li>
```

> jwb[0].text 的结果为：教务部
>
> 最后一个 li 中的文本为：后勤部

例 1-2-7 中演示了在 select() 方法传入各种节点的 CSS 选择器字符串从而获得不同结果。可以发现，不管结果是一个节点还是多个节点，select() 返回的都是列表，因此如果需要用到其中的某个节点，就需要从返回的列表中用 [] 运算符取出对应的元素。

另外，列表中的元素类型依然是 Tag 类型的节点对象，这意味着如果需要在该节点的子孙中查找节点，还是可以用节点选择器、方法选择器或 CSS 选择器来获取节点的属性及文本。例 1-2-7 中的 for 循环就演示了对得到的 class 属性为 xz 的 3 个 li 节点的操作：获取文本、获取子节点 a 的 href 属性。

例 1-2-7 也演示了在 select() 方法中使用伪类选择器，伪类选择器是 CSS 选择器比较常用的用法。常见的 CSS 选择器如表 1-2-4 所示。

表 1-2-4　常见的 CSS 选择器

用法	说明
select("li")	表示通过节点标签名选择。如 select("a")、select("ul")
select("#finance")	表示通过节点的 id 属性查找。还可以结合节点名和 id 属性一起使用，如 select ("li#finance")
select(".xz")	表示通过节点的 class 属性查找。如果节点 class 有多个值，可以用多个"."引导，如 select("li.jx.dept")
select("li.xz:nth-child(1)")	表示查找第一个符合":"前面 CSS 选择器的节点，":"与后面的"nth-child(1)"中间不能有空格
select("li.xz:nth-child(2)")	表示查找第二个符合":"前面 CSS 选择器的节点
select("li:nth-child(2n)") select("li:nth-child(2n+1)")	表示查找第偶数个符合前面 CSS 选择器的节点。如要查找第奇数个，只需改为 select("li:nth-child(2n+1)")
select("li:first-child") select("li:last-child")	分别表示符合":"前面 CSS 选择器的第一个、最后一个节点
select("ul li.jx")	表示依据上次层级来定位节点，在不同层级之间用空格或者">"隔开，select("ul> li.jx") 和 select("ul li.jx") 的效果是一样的

三、　使用 XPath 解析

XPath 是基于文档的层次结构来确定查找路径的，它最初用来在 XML 文档中解析数据，由于 HTML 的文档结构类似于 XML，因此也可以用来解析 HTML。

使用 XPath 时，需要借助 lxml 库将 HTML 转换为 XML 文档树对象，之后就可以使用 XPath 语法查找此结构中的节点或元素。

（一）安装 lxml

Python 标准库中自带了 lxml 模块，但是性能不够好，而且缺乏一些人性化的 API（应用程序接口）。相比之下，用 Python 实现的第三方库 lxml 增加了很多实用的功能，使用起来非常方便。lxml 大部分功能都存在于 lxml.etree 中。

（二）XPath 的基本使用

XPath 是一门在类 XML 文档中查找信息的语言。XPath 可用来在 HTML 或 XML 文档中对元素和属性进行遍历，下面介绍 XPath 解析的基本操作。

1. XPath 解析对象的初始化

在使用 XPath 对类 XML 或 HTML 文档进行数据解析之前，需要先进行初始化工作。有两种常见方式：一种是用字符串初始化；另一种是用文件初始化。

（1）用字符串初始化。该方式需要从 lxml 引入 etree 模块，然后用 etree.HTML() 方法完成初始化，该方法中的参数为字符串。

例 1-2-8：演示用字符串初始化 XPath 解析对象，示例代码如下所示。

```
from lxml import etree
html = '''
<div id="institution">
<ul>
<li class="xz"><a href="jwb.html"> 教务部 </a></li>
<li id="finance" class="xz"><a href="cwb.html"> 财务部 </a></li>
<li class="jx dept"><a href="fzxy.html"><span class="bold"> 纺织学院 </span></a></li>
<li class="jx dept"><a href="fzgcxy.html"> 服装工程学院 </a></li>
<li class="jx"><a class="jx" href="ggkb.html"> 公共课部 </a></li>
<li class="xz"><a href="hqb.html"> 后勤部 </a>
</ul>
</div>
'''
xp = etree.HTML(html)              # 调用 HTML 类初始化构造一个 XPath 对象
print(xp.xpath('//ul//a/text()'))  # 获取文档中所有 ul 节点下的所有 a 节点的文本
```

运行代码，输出结果如下所示。

```
['教务部','财务部','服装工程学院','公共课部','后勤部']
```

（2）用文件初始化。如果有一个 HTML 文件，可以直接通过调用 etree.parse() 方法用文件构造 XPath 解析对象，方法中的第一个参数为带路径的文件名，第二个参数为 etree.HTMLParser()。

例 1-2-9：演示用文件初始化 XPath 解析对象，示例代码如下所示。

```
from lxml import etree
parser = etree.HTMLParser(encoding='utf-8')      # 定义解析器使用 utf-8 编码，以免中文乱码
htmlElement = etree.parse('./institution.html',parser=parser)   # 初始化 XPath 解析对象
```

```
#获得解析对象的 bytes 字符串，指定 utf-8 编码
text = etree.tostring(htmlElement,encoding='utf-8')
print(text)
print('——————————————————————————')
#用 decode() 方法解码 bytes 字符串，解码时指定 utf-8 编码
print(text.decode('utf-8'))
print('——————————————————————————')
print(htmlElement.xpath('//li[1]/a/text()'))        #查找第一个 li 节点下的 a 节点，获取文本
```

在运行例 1-2-9 前，请先准备 HTML 文件并将其放在本例程序文件的同目录下。可以使用例 1-2-8 中的字符串 html 作为 HTML 文件中的内容。用记事本程序打开准备好的 HTML 文件，将 html 字符串内容复制粘贴进去，然后另存为"institution.html"，如图 1-2-3 所示。

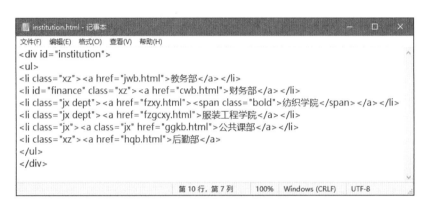

图 1-2-3　复制 html 字符串内容

例 1-2-9 演示了用 HTML 文件初始化 XPath 解析对象，然后用 etree.tostring() 将初始化后的字符串 html 输出，但是它是 bytes 类型，需要使用 decode() 将其解码成 str 类型。运行后的部分输出结果如下所示。

```
b'<!DOCTYPE html PUBLIC "-//W3C//DTD HTML 4.0 Transitional//EN""http://www.w3.org......
<html><body><div id="institution">&#13;\n<ul>&#13;\n<li class="xz"><a href="jwb.html">\xe6\
x95\x99\xe5\x8a\xa1\xe9\x83\xa8</a></li>&#13;\n<li id="finance" class="xz"><a href="cwb.html">\xe8\
xb4\xa2\xe5\x8a\xa1\xe9\x83\xa8</a></li>&#13;\n......
</body></html>'
——————————————————————————
<!DOCTYPE ......
<html><body><div id="institution">&#13;
<ul>&#13;
<li class="xz"><a href="jwb.html"> 教务部 </a></li>&#13;
<li id="finance" class="xz"><a href="cwb.html"> 财务部 </a></li>&#13;
<li class="jx dept"><a href="fzxy.html"><span class="bold"> 纺织学院 </span></a></li>&#13;
<li class="jx dept"><a href="fzgcxy.html"> 服装工程学院 </a></li>&#13;
```

```
<li class="jx"><a class="jx" href="ggkb.html"> 公共课部 </a></li>&#13;
<li class="xz"><a href="hqb.html"> 后勤部 </a>&#13;
</li></ul>&#13;
</div></body></html>
--------------------------------

['教务部']
```

从运行结果来看，用 etree.tostring() 得到的是字节型的字符串，用 decode() 方法解码后就会得到 str 类型的字符串，还可以在 decode() 方法中传入编码类型以防止乱码。另外，初始化为 XPath 解析对象后，原来文档中缺少的标签 `<html><body></body></html>` 都被修正了，如果某个标签未闭合，也会被修正。

2. 节点的选取

XPath 使用路径表达式在类 XML 文档中选取节点。XPath 路径规则如表 1-2-5 所示。

表 1-2-5　XPath 路径规则

表达式	描述
nodename	选取此节点的所有子节点
/	从当前节点的直接子节点中选取，如在路径表达式最前面，则表示从文档的根节点开始
//	从当前节点的子孙节点中选取
.	选取当前节点
..	选取当前节点的父节点
@	选取属性

表 1-2-6 列出了一些路径表达式以及表达式的结果。

表 1-2-6　路径表达式及其结果

路径表达式	结果
bookstore	选取 bookstore 元素的所有子节点
/bookstore	选取根元素 bookstore。假如路径起始于正斜杠 (/)，则此路径始终代表某元素的绝对路径
bookstore/book	选取属于 bookstore 子元素的所有 book 元素
//book	选取所有 book 子元素，不管它们在文档中的位置
bookstore//book	选择属于 bookstore 元素后代的所有 book 元素，不管它们位于 bookstore 之下的什么位置
//@lang	选取名为 lang 的所有属性

例 1-2-8 的最后一行代码" xp.xpath('//ul//a/text()') "表示在文档的所有节点中搜索 ul，然后在 ul 节点的子孙节点中搜索 a 节点，最后获得这些 a 节点的文本内容。

例 1-2-9 的最后一行代码" htmlElement.xpath('//li[1]/a/text()') "表示搜索文档中第一个 li 节点，再

搜索其子节点中的 a 节点，并获取文本。

在节点选取中，除了使用表 1-2-1 中的路径规则外，往往还需要用节点关系来定位节点，如父节点、子节点。另外，还可以对同级节点按序选择。在选择节点时，也可以通过属性来匹配节点，下面就对这些方式进行介绍。

（1）父节点（parent）。

例 1-2-10：演示选择父节点，示例代码如下所示。

```
html = '''
<book>
    <title>Harry Potter</title>
    <author>J K. Rowling</author>
    <year>2019</year>
    <price>29.99</price>
</book>'''
from lxml import etree
htmlElement = etree.HTML(html)
title = htmlElement.xpath('//title')[0]          # 搜索 title 节点，并从列表中取出第一项
book = title.xpath('..')                          # 搜索 title 节点的父节点
print(book)
print(type(book[0]))                              # 输出 book[0] 的类型
print(etree.tostring(book[0]).decode('utf-8'))   # 解码成字符串输出
```

运行代码，输出结果如下所示。

```
[<Element book at 0x20f3a051740>]
<class 'lxml.etree._Element'>
<book>
    <title>Harry Potter</title>
    <author>J K. Rowling</author>
    <year>2019</year>
    <price>29.99</price>
</book>
```

book 节点是 title、author、year 以及 price 元素的父节点。在例 1-2-10 中首先用" xpath('//title')[0]"搜寻 title 节点，由于 xpath() 返回的是列表，这里用"[0]"取第出一个元素，然后用" title.xpath('..')"得到其父节点 book。输出的第一行是一个列表，有一个列表元素，很明显该列表元素是一个对象在内存中的地址，这个对象类型为 lxml.etree._Element，也是所有节点对象的类型。最后将 book[0] 节点对象解码成 str 输出。

（2）子节点（children）。

一个节点可以有零个、一个或多个子节点。在例 1-2-10 的 HTML 结构中，title、author、year 以及 price 元素都是 book 元素的子节点。为了节省篇幅，下面在例 1-2-10 的基础上举例。

例 1-2-11：演示选择某节点的子节点，示例代码如下所示。

```
print(book[0].xpath('./title/text()'))
print(book[0].xpath('./year/text()'))
```

运行代码，输出结果如下所示。

```
['Harry Potter']
['2019']
```

（3）按序选择节点。

在使用路径规则时，可能会匹配到多个节点，同时又可能需要取出其中一个节点，如第一个、第二个、最后一个节点，此时就可以使用按序选择节点。

例 1-2-12：演示按序选择节点，示例代码如下所示。

```
from lxml import etree
html = '''
<div id="institution">
<ul>
<li class="xz"><a href="jwb.html"> 教务部 </a></li>
<li id="finance" class="xz"><a href="cwb.html"> 财务部 </a></li>
<li class="jx dept"><a href="fzxy.html"><span class="bold"> 纺织学院 </span></a></li>
<li class="jx dept"><a href="fzgcxy.html"> 服装工程学院 </a></li>
<li class="jx"><a class="jx" href="ggkb.html"> 公共课部 </a></li>
<li class="xz"><a href="hqb.html"> 后勤部 </a>
</ul>
</div>
'''
xp = etree.HTML(html)                            # 初始化 XPath 解析对象
result1 = xp.xpath('//li[1]/a/text()')           # 第一个 li 节点下的 a 节点的文本
print(f'result1[0]={result1[0]}')
result2 = xp.xpath('//li[2]/a/text()')           # 第二个 li 节点下的 a 节点的文本
print(f'result2[0]={result2[0]}')
result3 = xp.xpath('//li[last()]/a/text()')      # 最后一个 li 节点下的 a 节点的文本
print(f'result3[0]={result3[0]}')
result4 = xp.xpath('//li[position()<3]/a/text()') # 前两个 li 节点下的 a 节点的文本
print(f'result4={result4}')                      # 注意没有用 [0]，因为有多个节点的文本
result5 = xp.xpath('//li[last()-1]/a/text()')    # 最后一个 li 前面的一个 li 下的 a 节点的文本
print(f'result5[0]={result5[0]}')
```

该段代码的运行结果如下所示。

```
result1[0]= 教务部
result2[0]= 财务部
result3[0]= 后勤部
result4=[' 教务部 ',' 财务部 ']
result5[0]= 公共课部
```

result1 通过在路径 li 后使用 "[1]" 选择了第一个 li 节点，result2 选择了第二个 li 节点；result3 是在路径中的 li 后面使用 "last()" 选择了最后一个 li 节点；result4 使用 "position()<3" 按序选择了前两个 li 节点；result5 使用 "last()-1" 按序选择了倒数第二个 li 节点。

（4）属性匹配。

在选择节点的时候还可以通过节点的属性来匹配节点，这样在选取时就多了一些限制，可以帮助我们快速搜寻节点。使用属性匹配是在路径规则表达式的某个节点后面用方括号 "[]"，在方括号里面用 "@ 属性名 = 值" 的形式限制属性。这只适合匹配单值属性，匹配多值属性时要用 contains()。

①属性为单值时的匹配。

下面在例 1-2-12 的基础上举例，假如要查找 "财务部" 所在的 li 节点，该 li 节点有一个 id="finance" 的属性和 class="xz" 的属性，这时可以用属性匹配帮助搜寻。

例 1-2-13：演示属性匹配用法，示例代码如下所示。

```
print(xp.xpath('//li[@id="finance"]/a/text()'))
```

此行代码的输出为 "[' 财务部 ']"，同样也可以用另一个 class 属性匹配，如例 1-2-14 所示。

例 1-2-14：演示用 class 属性匹配用法，示例代码如下所示。

```
print(xp.xpath('//li[@class="xz"]/a/text()'))
```

此行代码的输出为 "[' 教务部 ',' 财务部 ',' 后勤部 ']"，输出结果多了两个部门名称，这是因为原来的文档中满足 class="xz" 的有三个行政部门。如果想要区分，可以再添加一个属性来匹配，或者用按序选择，如例 1-2-15 所示。

例 1-2-15：演示多个属性的匹配用法，示例代码如下所示。

```
print(xp.xpath('//li[@id="finance" and @class="xz"]/a/text()'))  # 多个属性匹配，用 and 连接
print(xp.xpath('//li[@class="xz"][1]/a/text()'))                 # 结合属性匹配和按序选择第一个
```

②属性为多值时的匹配。

当某个属性的值含有多个值时，如在例 1-2-12 的 HMTL 结构中，"服装工程学院" 所在的 li 节点的 class 属性含多个值，分别为 jx 和 dept，这时就不能用 "[@ 属性名 = 值]" 这种方式匹配，需要用 "[contains(@ 属性名，值)]" 的方式匹配节点，如例 1-2-16 所示。

例 1-2-16：演示属性的值有多个值的匹配用法，示例代码如下所示。

```
print(xp.xpath('//li[contains(@class,"jx") and contains(@class, "dept")]/a/text()'))
```

此行语句的输出结果为 "[' 服装工程学院 ']"。

3. 节点文本的提取

在 XPath 中，如果要提取某个节点的非属性文本，可以在 XPath 规则表达式后面添加 " /text()"。

例如，例 1-2-16 中的 " xp.xpath('//li[contains(@class,"jx") and contains(@class, "dept")]/a/text()')" 是提取节点 a 的文本，输出结果是一个列表 "[' 服装工程学院 ']"。如果要得到该学院的字符串还要选取此列表的第一个元素，在后面添加 "[0]"，示例代码如下所示。

```
print(xp.xpath('//li[contains(@class,"jx") and contains(@class, "dept")]/a/text()')[0])
```

此行语句的输出结果为 "服装工程学院"。

4. 节点属性的提取

得到某个节点后，经常需要获取节点的某个属性的值，可以通过在路径表达式后面增加 "/@ 属性名" 来获得属性值。

例 1-2-17： 演示节点属性的提取，示例代码如下所示。

```
cwb = xp.xpath('//li[@id="finance"]/a')              # 先查找财务部的 a 节点
# 再取 href 属性，用 [0] 得到第一个元素的内容
print(f' 财务部的链接地址为：{cwb[0].xpath("./@href")[0]}')
# 将查找财务部的 a 节点和取 href 属性合并
cwb_link = xp.xpath('//li[@id="finance"]/a/@href')[0]
print(f' 财务部的链接地址为 cwb_link={cwb_link}')
all_a_links = xp.xpath('//li/a/@href')               # 所有 li 下 a 节点的 href 属性列表
print(all_a_links)
```

运行代码，得到的输出结果如下所示。

```
财务部的链接地址为：cwb.html
财务部的链接地址为 cwb_link=cwb.html
['jwb.html', 'cwb.html', 'fzxy.html', 'fzgcxy.html', 'ggkb.html', 'hqb.html']
```

四、　使用 PyQuery 解析

PyQuery 解析库是一个类似于 jQuery 的 Python 库，借助它能够在 XML 文档中进行 jQuery 查询，PyQuery 使用 lxml 解析器可以在 XML 和 HTML 文档中进行快速操作，支持 CSS 选择器，使用起来非常方便。

（一）准备工作

准备工作包含 PyQuery 库的安装和 PyQuery 对象的初始化。

1. PyQuery 的安装

PyQuery 的安装采用 pip 安装方式，请在命令窗口中输入如下命令安装。

```
pip install pyquery
```

安装过程中需要联网下载文件。安装过程中的反馈信息如下所示。

```
C:\Users\jacqu>pip install pyquery
Collecting pyquery
    Using cached pyquery-2.0.0-py3-none-any.whl (22 kB)
Requirement already satisfied: lxml>=2.1 in c:\python39\lib\site-packages (from pyquery) (4.9.3)
Requirement already satisfied: cssselect>=1.2.0 in c:\python39\lib\site-packages (from pyquery)
(1.2.0)
Installing collected packages: pyquery
Successfully installed pyquery-2.0.0
```

出现 "Successfully installed pyquery-2.0.0" 的字样表示安装成功，可以验证一下是否可用。在命令窗口中进入 Python 交互环境，输入如下命令，如果没有报异常信息则表明 pyquery 安装成功。

```
python
from pyquery import PyQuery as pq
```

⚠ 注意:

代码中前面 pyquery 小写，后面一个 PyQuery 中 P 和 Q 大写。如执行上面的代码没有任何提示，就说明 pyquery 可以使用了。

2. PyQuery 对象的初始化

PyQuery 的初始化有多种方式，在爬虫编程中比较常用的是传入 HTML 的文本（字符串），除此之外，它还支持传入网页的 URL、传入文件名等方式来初始化。

（1）传入字符串初始化。

例 1-2-18: 将字符串传入 PyQuery 构造函数完成初始化，示例代码如下所示。

```
html = '''
<div>
<ul>
<li class="xz"><a href="jwb.html">教务部 </a></li>
<li class="xz"><a href="cwb.html">财务部 </a></li>
<li class="jx dept"><a href="fzxy.html"><span class="bold">纺织学院 </span></a></li>
<li class="jx dept"><a href="fzxy.html">服装工程学院 </a></li>
<li class="jx"><a href="ggkb.html">公共课部 </a></li>
<li class="xz"><a href="hqb.html">后勤部 </a>
</ul>
</div>
'''
from pyquery import PyQuery as pq        # 引入 PyQuery 模块并赋予别名 pq
doc = pq(html)                           # 传入字符串给 pq()，并创建 PyQuery 对象
print(doc('li'))                         # CSS 选择器搜寻 li 节点
```

在使用字符串初始化的案例中，首先从 pyquery 模块中引入 PyQuery 这个类，并取别名为 pq。然后将字符串作为参数传递给 PyQuery 类的构造方法，这样就完成了初始化并保存到 doc 变量中。doc('li') 实际上类似于 CSS 选择器，在例 1-2-18 中传入的是节点标签名称 li，表示要查找所有 li 节点。运行代码，得到的输出结果如下所示。

```
<li class="xz"><a href="jwb.html"> 教务部 </a></li>
<li class="xz"><a href="cwb.html"> 财务部 </a></li>
<li class="jx dept"><a href="fzxy.html"><span class="bold"> 纺织学院 </span></a></li>
<li class="jx dept"><a href="fzxy.html"> 服装工程学院 </a></li>
<li class="jx"><a href="ggkb.html"> 公共课部 </a></li>
<li class="xz"><a href="hqb.html"> 后勤部 </a>
</li>
```

（2）传入 URL 初始化。

例 1-2-19：演示用 URL 完成 PyQuery 的初始化，示例代码如下所示。

```
from pyquery import PyQuery as pq
doc = pq(url='http://www.gdpt.edu.cn')
print(doc('title'))
```

运行代码，得到的输出结果如下所示。

```
<title> 广东职业技术学院 </title>&#13;
&#13;
```

（3）传入文件名初始化。如果已经将网页保存为文件，就可以利用 PyQuery 按照文件名初始化，此处可以将例 1-2-18 中的字符串粘贴到 txt 文件中，保存为 "demo.html" 使用。

例 1-2-20：演示用 HTML 格式文件完成 PyQuery 的初始化，示例代码如下所示。

```
from pyquery import PyQuery as pq
doc = pq(filename='demo.html')
print(doc('li'))
```

执行结果与例 1-2-1 的结果一致。

（二）节点选择

使用 PyQuery 选择节点是非常方便的，它提供了 CSS 选择器，还提供了查找节点的方法选择器、伪类选择器。

1. CSS 选择器

CSS 选择器是 PyQuery 解析库的突出优势，它使用起来非常简洁灵活。我们熟练掌握之后，解析数据会更得心应手。

CSS 选择器使用 HTML 元素的标签名称或属性来查找元素。用于 CSS 选择器的属性主要是元素的 id 属性、class 属性。熟悉这两个属性在 CSS 选择器中的写法非常重要，id 属性会被写作"# 属性值"，class 属性会被写作". 属性值"。而某个元素如果有多个 class 属性值，在 CSS 选择器中会写作". 属性值 1 . 属性值 2"（中间不能有空格，有空格就表示是子元素的 class 属性），可以参考表 1-2-4 中的介绍。

例 1-2-21：演示 CSS 选择器的用法，示例代码如下所示。

```
html = '''
<div id="institution">
<ul>
<li class="xz"><a href="jwb.html"> 教务部 </a></li>
<li id="finance" class="xz"><a href="cwb.html"> 财务部 </a></li>
<li class="jx dept"><a href="fzxy.html"><span class="bold"> 纺织学院 </span></a></li>
<li class="jx dept"><a href="fzxy.html"> 服装工程学院 </a></li>
<li class="jx"><a class="jx" href="ggkb.html"> 公共课部 </a></li>
<li class="xz"><a href="hqb.html"> 后勤部 </a>
</ul>
</div>
'''
from pyquery import PyQuery as pq
doc = pq(html)
print(doc('#institution ul li#finance'))
print(doc('#institution ul .jx'))
print(doc('.jx.dept'))
```

运行代码，得到的输出结果如下。

```
<li id="finance" class="xz"><a href="cwb.html"> 财务部 </a></li>


<li class="jx dept"><a href="fzxy.html"><span class="bold"> 纺织学院 </span></a></li>
<li class="jx dept"><a href="fzxy.html"> 服装工程学院 </a></li>
<li class="jx"><a href="ggkb.html"> 公共课部 </a></li>


<li class="jx dept"><a href="fzxy.html"><span class="bold"> 纺织学院 </span></a></li>
<li class="jx dept"><a href="fzxy.html"> 服装工程学院 </a></li>
```

代码最后 3 行是 3 条 print() 语句，输出结果有 3 组，用空行隔开。

第 1 组结果输出了包含"财务部"的 li 元素，对应倒数第 3 行代码，在其关键代码"doc('#institution ul li#finance')"中，先使用 id 属性查找，再在其子元素中查找 ul 元素，然后查找 id 属性为 finance 的元素，即财务部所在的 li 元素。

第 2 组输出结果对应代码中倒数第 2 行，它也是从"<div id="institution">"元素开始，再在它的子元素中查找 ul，最后查找 class 属性为"jx"的元素，满足的结果有 3 个，即 3 个教学部门"纺织学院”“服装工程学院”“公共课部”。

第 3 组输出结果对应最后一行代码。它的 CSS 选择器中的 "doc('.jx.dept')" 表示查找 class 属性有两个值的元素，且 class 属性值分别为 "jx" 和 "dept"。符合条件的有两个 li 元素，即包含“纺织学院”“服装工程学院”的 li 元素。注意，".jx.dept" 中间不能有空格。

2. 方法选择器

PyQuery 还提供了一些方法用来查找节点。这些查找方法有 find()、children()、parent() 和 siblings()。分别代表在子孙节点中查找、只在子节点中查找子节点、查找父节点和查找兄弟节点。

此处用之前的 html 字符串初始化 PyQuery 演示这 4 个方法的用法。

（1）用 find() 方法在所有子孙节点中查找，返回节点对象。

例 1-2-22：演示 find() 的用法，示例代码如下所示。

```
from pyquery import PyQuery as pq
doc = pq(html)
fin = doc.find('li#finance')
print(type(fin))
print(fin)
```

运行代码，得到的输出结果如下所示。

```
<class 'pyquery.pyquery.PyQuery'>
<li id="finance" class="xz"><a href="cwb.html"> 财务部 </a></li>
```

在 html 的子孙节点中查找 id 属性为 "finance" 的 li 节点时，只有“财务部”的 li 节点符合要求。

（2）用 children() 方法在子节点中查找，返回的是多个子节点构成的对象，可以使用 items() 方法得到一个可迭代的生成器。如果希望只在某个节点的直接子节点中查找，就可以使用 children() 查找。

例 1-2-23：演示 children() 的用法，示例代码如下所示。

```
from pyquery import PyQuery as pq
doc = pq(html)
lis = doc.find('.jx.dept')
for li in lis.items():
    print(li.children())
```

运行代码，得到的输出结果如下所示。

```
<a href="fzxy.html"><span class="bold"> 纺织学院 </span></a>
<a href="fzxy.html"> 服装工程学院 </a>
```

在例 1-2-23 中先查找到 class 属性值为 "jx dept" 两个属性的节点，查询到两个节点，然后用遍历方式分别查找这两个 li 的子节点，即两个 a 节点。这里用到了 items() 方法，它会返回一个包含字典所有（键、值）元组的列表，后面会详细介绍。

（3）用 parent() 方法获取某个节点的父节点。

例 1-2-24：演示 parent() 的用法，示例代码如下所示。

```
from pyquery import PyQuery as pq
doc = pq(html)
bold = doc.find('.bold')               # 查找 class='bold' 的节点，即纺织学院所在的 span
li_fzxy = bold.parent().parent()       # 这里是查找父节点的父节点
print(li_fzxy)
```

运行代码，得到的输出结果如下所示。

```
<li class="jx dept"><a href="fzxy.html"><span class="bold">纺织学院 </span></a></li>
```

此例中首先查找到 html 中 class 属性为"bold"的节点（即 <span class="bold"> 纺织学院 </span>），然后通过两次调用 parent() 方法来获得其父节点的父节点。

（4）siblings() 方法可以获得某个节点的兄弟节点。

例 1-2-25：演示 siblings() 的用法，示例代码如下所示。

```
from pyquery import PyQuery as pq
doc = pq(html)
cwb = doc.find('li#finance')
siblings_li = cwb.siblings()
print(siblings_li)
for li in siblings_li.items():
    print(li.text())
```

运行代码，得到的输出结果如下所示。

```
<li class="xz"><a href="jwb.html"> 教务部 </a></li>
<li class="jx dept"><a href="fzxy.html"><span class="bold"> 纺织学院 </span></a></li>
<li class="jx dept"><a href="fzxy.html"> 服装工程学院 </a></li>
<li class="jx"><a href="ggkb.html"> 公共课部 </a></li>
<li class="xz"><a href="hqb.html"> 后勤部 </a>
</li>
教务部
纺织学院
服装工程学院
公共课部
后勤部
```

在此例中，输出结果分为两部分。前面一部分是"print(siblings_li)"的输出。首先查找 id 属性为"finance"的 li 节点，然后通过它调用 siblings() 方法获得其兄弟节点，即其他 5 个 li 节点，所以第一组的输出就是其他 5 个 li 节点。后面一部分是通过 for 循环遍历这 5 个 li 节点并在循环体里面用 text() 函数获取每个 li 节点及其子孙节点的文本内容。

3. 伪类选择器

伪类选择器就是当我们在 CSS 选择器中写出了查找节点的 CSS 选择器字符串时，在字符串尾部用 "："分隔，然后跟上一些特殊的限定字符串，用来表示同类节点中的第一个、最后一个、第 n 个、第奇（偶）数个或包含指定文本的节点等。

例 1-2-26：演示伪类选择器的用法，示例代码如下所示。

```
html = '''
<div id="institution">
    <ul>
        <li class="xz"><a href="jwb.html"> 教务部 </a></li>
        <li id="finance" class="xz"><a href="cwb.html"> 财务部 </a></li>
        <li class="jx dept"><a href="fzxy.html"><span class="bold"> 纺织学院 </span></a></li>
        <li class="jx dept"><a href="fzxy.html"> 服装工程学院 </a></li>
        <li class="jx"><a class="jx" href="ggkb.html"> 公共课部 </a></li>
        <li class="xz"><a href="hqb.html"> 后勤部 </a>
    </ul>
</div>
'''
from pyquery import PyQuery as pq
doc = pq(html)
li1 =  doc('li:first-child')        # 注意 ":" 前后都不能有空格
print(' 第一个 li 中的文本: ', li1.text())
li2 =  doc('li:last-child')
print(' 最后一个 li 中的文本: ', li2.text())
#nth-child(2) 这种用法，数字是从 1 开始编号的，这里 "2" 表示第 2 项 li 节点
li3 =  doc('li:nth-child(2)')
print(' 第二个 li 中的文本: ', li3.text())
#gt() 中数字是从 0 开始编号的，这里 "gt(1)" 表示第 2 个 li 之后的所有 li 节点
li4 =  doc('li:gt(1)')
print(' 从第三个 li 开始的 li 中的文本: ', li4.text())
li5 =  doc('li:nth-child(2n)')
print(' 第偶数个 li 中的文本: ', li5.text())
li6 =  doc('li:nth-child(2n+1)')
print(' 第奇数个 li 中的文本: ', li6.text())
li7 =  doc('li:contains(" 学院 ")')
print(' 包含 ' 学院 ' 文字的 li 中的文本: ', li7.text())
#lt() 中数字从 0 开始编号，这里 "lt(2)" 表示第 3 个 li 之前的两个 li 节点
```

```
li8 =   doc('li:lt(2)')
print(' 从第三个 li 之前的 li 中的文本：', li8.text())
```

运行代码，得到的输出结果如下所示。

```
第一个 li 中的文本：教务部
最后一个 li 中的文本：后勤部
第二个 li 中的文本：财务部
第二个 li 之后的所有 li 的文本：纺织学院 服装工程学院 公共课部 后勤部
第偶数个 li 中的文本：财务部 服装工程学院 后勤部
第奇数个 li 中的文本：教务部 纺织学院 公共课部
包含'学院'文字的 li 中的文本：纺织学院 服装工程学院
第三个 li 之前的两个 li 的文本：教务部 财务部
```

（三）多节点的遍历

如果查找到的结果中包含多个节点，接下来往往需要依次从中选择一个节点进行操作。比如，要获得其中每个节点的子元素或者文本等，那么这时就需要对结果进行遍历。

对 PyQuery 的多个节点的查找结果进行遍历时需要用到 items() 方法，该方法会返回一个生成器（generator），可以用 for 循环遍历一次（只能遍历一次）。

（四）节点信息的提取

在进行数据解析时，查找到节点后，往往需要提取节点的一些信息，如节点的文本内容、节点的某个属性的值等。PyQuery 中也提供了获取节点信息的方法。

1. 获取节点的文本

在 PyQuery 中要获取节点的非属性文本可以使用 text() 方法，例 1-2-25 中的 for 循环中就用"print(li.text())"打印了每个 li 节点的文本。打印出来的结果"教务部、纺织学院、……"实际上是 li 的子节点或孙节点的文本内容，这也是 text() 方法的重要特点。

2. 获取节点的属性

有时候我们需要的数据恰好在某个节点的属性里面，此时就需要获取节点的属性，获取节点的某个属性需要用 attr() 来实现。

例 1-2-27：演示 attr() 的用法，示例代码如下所示。

```
from pyquery import PyQuery as pq
html='<li class="jx dept"><a href="fzxy.html"><span class="bold"> 纺织学院 </span></a></li>'
doc = pq(html)
a = doc('a')
print(a.attr('href'))
```

运行代码，得到的输出结果如下所示。

fzxy.html

这里的 "a.attr('href')" 就是获取超链接 a 标签的 href 属性，即获取链接地址。

(五) 节点的动态操作

在 PyQuery 中提供了对节点的动态操作方法，如为节点添加或移除 class 属性的方法 addClass() 和 removeClass()、从节点中移除子孙节点的方法 remove() 等。这些方法有时对数据解析可以起到很好的作用。

例 1-2-28：演示节点的动态操作，示例代码如下所示。

```
from pyquery import PyQuery as pq
html = '<li class="jx dept"><a href="fzxy.html"> 纺织学院 <span class="bold"><i> (品牌学院)
</i></span></a></li>'
doc = pq(html)
a = doc('a')
a.addClass('myclass')
print(' 为 a 添加一个 class 属性 "myclass": ', a)
a.removeClass('myclass')
print(' 将 a 元素 class 属性 "myclass" 删除: ', a)
print(' 删除 span 元素前 a 的文本: ', a.text())
doc('span.bold').remove()
print(' 删除 span 元素后 a 的文本: ',a.text())
```

运行代码，得到的输出结果如下所示。

```
为 a 添加一个 class 属性 "myclass": <a href="fzxy.html"class="myclass"> 纺织学院 <span class=
"bold"><i> (品牌学院) </i></span></a>
将 a 元素 class 属性 "myclass" 删除: <a href="fzxy.html"class=""> 纺织学院 <span class="bold">
<i> (品牌学院) </i></span></a>
删除 span 元素前 a 的文本: 纺织学院 (品牌学院)
删除 span 元素后 a 的文本: 纺织学院
```

有时候，给某些节点的 class 属性添加某个值后就可以跟相同 class 属性的节点一起处理，这样可以提高效率。移除某些节点的 class 属性也有同样的作用，只是实现的思路是通过去除 class 属性保持多个节点的 class 属性值一致而已。从最后两行的输出结果可以明显看出 remove() 的作用，那就是在某些时候可以先将节点中的子孙节点去除，然后再获取节点的文本，这样就可以避免子孙节点内文本的干扰。

五、任务实践

（1）进入名人引言网站首页，打开开发者面板查看该网站的网页结构，如图 1-2-4 所示。

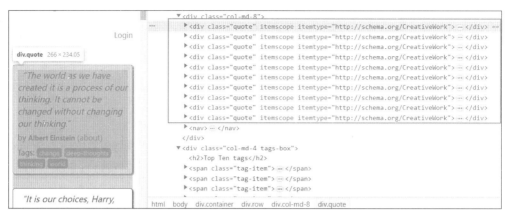

图 1-2-4　名人引言网站的网页结构

每页的 10 条引言对应源码中的 10 个 class 属性为 "quote" 的 div 元素。

（2）在图 1-2-5 的左边可以看到名人引言信息，单击选择检查工具 "　　"（标①处），或按 "Ctrl+Shift+C" 组合键，然后单击第一条引言的文字内容（标②处），在右边 "元素" 选项卡窗口会定位到该条引言内容对应的源码，如图 1-2-5 中箭头所指的地方所示。

图 1-2-5　引言内容元素的源码

图 1-2-5 中箭头指向的是第一条引言在开发者面板的 "元素" 选项卡窗口中对应的 HTML，可以看到引言内容是在一个 span（class 属性为 "text"）元素中。

（3）用 "选中" 工具指向引言作者，查看 "元素" 选项卡窗口中对应的 HTML，发现它是在一个 small 元素中，该元素有一个 class 属性为 "author"，如图 1-2-6 所示。

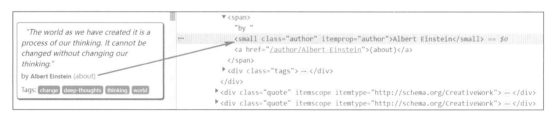

图 1-2-6　引言作者对应的源码

（4）查看引言分类 Tags 的源码，发现它是在一个 div 元素中，该 div 元素有一个 class 属性为 "tags"，并且引言分类 Tags 是由多个 a 元素构成的，是 div 的子元素。这些 a 元素的文本即 Tags 显示的内容，这些 a 元素都有 class 为 "tag" 的属性，如图 1-2-7 所示。

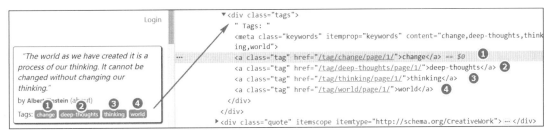

图 1-2-7　引言分类 Tags 对应的源码

（5）将网页垂直滚动条拉到页面底部，查看"Next"按钮的源码，如图 1-2-8 所示。可以看到它是在一个 class 属性为"next"的 li 元素中的超链接 a 元素，链接地址为"/page/2/"，这是首页上的 next 按钮，如果是第 2 页的 next 按钮，其地址是"/page/3/"。显然这些链接地址是不完整的相对地址，应该跟"http://quotes.toscrape.com"拼接起来才能正常工作。

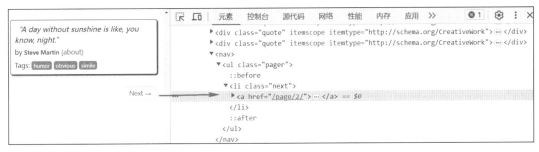

图 1-2-8　Next 翻页按钮对应的源码

（6）基于以上对网页结构的分析，下面我们在前面介绍的 4 种数据解析方式中选择一种来完成代码的编写，这里以 BeautifulSoup 解析方式为例。

①首先定义一个函数 get_one_page(url, headers)，用来根据指定的 URL 请求网页的 HTML 源码，返回值为源码字符串，示例代码如下所示。

```python
# 获取指定 URL 页面的源码函数，返回源码，输入参数为 URL 和请求头
import requests
def get_one_page(url,headers):
    try:
        response = requests.get(url=url, headers=headers)
        if response.status_code == 200:
            return response.text
        else:
            return None
    except Exception as e:
        print(f' 出错了，错误信息为：{e}')
        return None
```

此方法使用 requests 的 get() 方法来获取网页的源代码，并添加了异常处理机制，如果产生异常会返回 None，并打印异常信息。

②定义解析引言数据的函数 parse_one_page(html)。选用 BeautifulSoup 来解析数据，示例代码如下所示。

```
from bs4 import BeautifulSoup
def parse_one_page(html):
    soup = BeautifulSoup(html,'lxml')                # BeautifulSoup 的初始化
# 查找 class 属性为 quote 的节点，即引言所在的 div
    quotes = soup.find_all(class_='quote')
    for quote in quotes:
# 用 find 方法查找引言内容所在节点，获取文字
        text = quote.find(class_="text").string
# 用 select 方法查找引言作者所在节点 small
        author =  quote.select("small.author")[0].string
        tags = quote.select("div.tags>a.tag")        # 用 select 方法查找分类标签所在的 a 节点（多个）
        tags_string = []                             # 定义空列表，用来保存多个分类 Tag
        for a in tags:
            tags_string.append(a.string.strip())     # 循环访问分类标签，并添加到列表中

        yield {                                       # 将函数变为一个由字典类型数据构成的 generator
            'text': text,
            'author': author,
            'tags': tags_string
        }
```

③定义一个用于将数据写入 CSV 文件的函数 save_to_csv(quotes)。该函数的参数 quotes 为列表类型，里面是字典类型的引言数据，示例代码如下所示。

```
import csv                                            # 引入 csv 模块，提供操作 CSV 文件的方法
def save_to_csv(quotes):
    with open('quotes.csv', 'w', newline="", encoding='utf-8-sig') as csvfile:    # 写入方式打开
        fieldnames = ['text', 'author', 'tags']       # 表头标题
        writer = csv.DictWriter(csvfile, fieldnames=fieldnames)
        # 获得写入字典数据的 writer 对象
        writer.writeheader()                          # 写入标题行
        for q in quotes:                              # 遍历
            writer.writerow(q)                        # 写入每条引言数据
```

④定义 main() 函数，将前面的各个函数组装成一个完整的程序，并用循环控制多个页面的爬取。这里根据引言网站的翻页特点，用程序直接构造不同页面的 URL 来实现翻页爬取的效果，示例代码如下所示。

```
def main():
    url = 'http://quotes.toscrape.com/'
    headers = {
```

```
        'user-agent': 'Mozilla/5.0 (Windows NT 10.0; Win64; x64) AppleWebKit/537.36 (KHTML, like Gecko)
Chrome/113.0.0.0 Safari/537.36'
    }
    list_quotes = []                        # 定义一个空列表对象，保存 10 页的引言数据
    for i in range(1,11):                   # 用循环处理总共 10 页的爬取，循环变量从 1 到 10
        if i > 1:
            current_url = url + f'page/{i}/' # 构造从第 2 页开始的 URL
        else:
            current_url = url               # i==1 时 URL 无需拼接 "page/1/"
        print(f'\n 当前正在处理的页面 URL = {current_url}')
        html = get_one_page(url=current_url,headers=headers) # 调用 get_one_page 获得当
前页面的源码
        for q in parse_one_page(html):      # 调用 parse_one_page 得到一个可遍历的 generator
            list_quotes.append(q)           # 将一条引言的字典对象添加到列表中
            print(q)                        # 在控制台输出结果

    save_to_csv(list_quotes)                # 通过调用 save_to_csv(gener_quotes) 将结果写入 csv 文件
```

在前面对网页的"Next"翻页按钮的分析中我们了解到，从第二页开始 URL 为第一页 URL+
"page/2/"，第三页的 URL 为第一页 URL+"page/2/"，依次类推，第十页的 URL 为第一页 URL+
"page/10/"。所以可以简单地使用 for i in range(1,11) 循环，让 i 从 1 递增到 10，除了 i=1 时用基本
URL，其他页面只需要在第一页 URL 后面拼接"page/i/"就可以了。

⑤调用 main()，示例代码如下所示。

```
if __name__ == '__main__':
    main()
```

综合以上 5 个步骤，整理一下，将引入模块的语句合并到最前面，就可以得到本任务的完整代码，
如下所示。

```
import requests,csv
from bs4 import BeautifulSoup

def get_one_page(url,headers):
    try:
        response = requests.get(url=url, headers=headers)
        if response.status_code == 200:
            return response.text
        else:
            return None
    except Exception as e:
```

```
        print(f' 出错了，错误信息为：{e}')
        return None


def parse_one_page(html):
    soup = BeautifulSoup(html,'lxml')                    # BeautifulSoup 的初始化
    quotes = soup.find_all(class_='quote')
    # 查找 class 属性为 quote 的节点，即所有引言所在的 div
    for quote in quotes:
        text = quote.find(class_="text").string    #用 find 方法查找引言内容所在节点，获取文字
        author =   quote.select("small.author")[0].string  #用 select 方法查找作者所在节点 small
        tags = quote.select("div.tags a.tag")        # 用 select 方法查找分类标签所在的 a 节点（多个）
        tags_string = []                             #定义空列表，用来保存多个分类 Tag
        for a in tags:
            tags_string.append(a.string.strip())    #循环访问分类标签，并添加到列表中

        yield {                                      # 返回由字典类型数据构成的 generator
            'text': text, 'author': author, 'tags': tags_string
        }


def save_to_csv(quotes):
    # 参数 quotes 是一个列表或 generator 类型，可以循环遍历，里面是字典类型的引言数据
    with open('quotes.csv', 'w', newline="", encoding='utf-8-sig') as csvfile:  # 以写入方式打开
        fieldnames = ['text', 'author', 'tags']              #表头标题
        # 获得写入字典数据的 writer 对象
        writer = csv.DictWriter(csvfile, fieldnames=fieldnames)
        writer.writeheader()                        # 写入标题行
        for q in quotes:                            #遍历
            writer.writerow(q)                      # 写入每条引言数据
def main():
    url = 'http://quotes.toscrape.com/'
    headers = {
        'user-agent': 'Mozilla/5.0 (Windows NT 10.0; Win64; x64) AppleWebKit/537.36 (KHTML, like
Gecko) Chrome/113.0.0.0 Safari/537.36'}
    list_quotes = []                                # 定义一个空列表对象，保存 10 页的引言数据
    for i in range(1,11):                           # 用循环处理 10 页数据的爬取，循环变量从 1~10
        if i > 1:
            current_url = url + f'page/{i}/'  # 构造从第 2 页开始的 URL
        else:
            current_url = url                       # i==1 时 URL 无需拼接 "page/1/"
```

```
        print(f'\n 当前正在处理的页面 URL = {current_url}')
        html = get_one_page(url=current_url,headers=headers)
        # 调用 get_one_page 获得当前页面的源码
        for q in parse_one_page(html):    # 调用 parse_one_page，得到一个可遍历的 generator
            list_quotes.append(q)          # 将一条引言的字典对象添加到列表中
            print(q)                       # 在控制台输出结果

    save_to_csv(list_quotes)               # 通过调用 save_to_csv(gener_quotes)将结果写入 CSV 文件


if __name__ == '__main__':
    main()
```

运行代码，在控制台上可以看到爬取过程中的输出，部分输出内容如下所示。

当前正在处理的页面 URL = http://quotes.toscrape.com/

{'text': '"The world as we have created it is a process of our thinking. It cannot be changed without changing our thinking."', 'author': 'Albert Einstein', 'tags': ['change', 'deep-thoughts', 'thinking', 'world']}

{'text': '"It is our choices, Harry, that show what we truly are, far more than our abilities."', 'author': 'J.K. Rowling', 'tags': ['abilities', 'choices']}

{'text': '"There are only two ways to live your life. One is as though nothing is a miracle. The other is as though everything is a miracle."', 'author': 'Albert Einstein', 'tags': ['inspirational', 'life', 'live', 'miracle', 'miracles']}

{'text': '"The person, be it gentleman or lady, who has not pleasure in a good novel, must be intolerably stupid."', 'author': 'Jane Austen', 'tags': ['aliteracy', 'books', 'classic', 'humor']}

{'text': '"Imperfection is beauty, madness is genius and it's better to be absolutely ridiculous than absolutely boring."', 'author': 'Marilyn Monroe', 'tags': ['be-yourself', 'inspirational']}

{'text': '"Try not to become a man of success. Rather become a man of value."', 'author': 'Albert Einstein', 'tags': ['adulthood', 'success', 'value']}

{'text': '"It is better to be hated for what you are than to be loved for what you are not."', 'author': 'André Gide›, ‹tags›: [‹life›, ‹love›]}

{'text': '"I have not failed. I've just found 10,000 ways that won't work."', 'author': 'Thomas A. Edison', 'tags': ['edison', 'failure', 'inspirational', 'paraphrased']}

{'text': '"A woman is like a tea bag; you never know how strong it is until it's in hot water."', 'author': 'Eleanor Roosevelt', 'tags': ['misattributed-eleanor-roosevelt']}

{'text': '"A day without sunshine is like, you know, night."', 'author': 'Steve Martin', 'tags': ['humor', 'obvious', 'simile']}

当前正在处理的页面 URL = http://quotes.toscrape.com/page/2/

......

当前正在处理的页面 URL = http://quotes.toscrape.com/page/10/

{'text': '"The truth."Dumbledore sighed. "It is a beautiful and terrible thing, and should therefore be treated with great caution.", 'author': 'J.K. Rowling', 'tags': ['truth']}

......

运行完成后，在程序文件所在的目录下找到 quotes.csv 文件，打开它，里面是保存的 100 条名人引言数据。部分爬取结果如图 1-2-9 所示。

图 1-2-9　部分爬取结果

到此，本任务就全部实现了。为巩固本任务多种数据解析方式的知识，建议大家再用不同的解析方式实现本任务。

巩/固/与/提/高

1. 请分别用 Xpath 和 BeautifulSoup 两种解析方式将 http://www.gdpt.edu.cn 网站首页的水平导航菜单文字（即"学校主页""学校概况"……）解析并依次打印出来。

2. 请将本任务实践再用 PyQuery 解析的方式实现。

在线测试 2

任务三　采集动态渲染网页的数据

有时候通过请求库直接请求得到的服务器响应数据中并不包含我们需要的数据，与在浏览器中正常浏览得到的网页源码不一致。这是因为这类网页的数据是通过用户的操作触发 JavaScript 动态生成的数据，由浏览器动态渲染后呈现，而爬虫程序直接请求得到的只是一个不含有数据的动态渲染前的 HTML 源码。

为了解决爬虫的这个问题，可以采用 Selenium 驱动浏览器模拟用户对网站的正常访问，从而得到包含目标数据的 HTML 源码，然后就可以正常解析出目标数据。

案例导入

假设你接到一个调研任务，需要收集当前市面上正在销售的手机的各种数据，如手机型号、手机名称、价格等信息，你会怎么完成任务呢？可能你会想到去各个电商网站上查询手机的信息。但如果能够将这些数据用自动化的方式收集下来岂不是更棒？

图 1-3-1 是某电商网站"手机"栏目下商品的数据，本次学习任务需要将图 1-3-1 中用带圈的 6 个数字标记的手机的 6 项信息解析出来，一共需要爬取前面 5 页的商品数据并整理成 Python 字典格式，最后存入文本文件 phone.txt 中。这 6 项信息按数字从小到大的顺序分别是商品名、商品图片、商品价格、评论数、店铺名、是否自营。

图 1-3-1　爬取多页商品数据的任务

最后保存的数据字典按如下格式整理。

{'序号': 1, '商品名': '华为 /HUAWEI P60 超聚光 XMAGE 影像双向北斗卫星消息 256GB 羽砂黑鸿蒙曲面屏智能旗舰手机', '商品图片': 'https://img12.360buyimg.com/n7/jfs/t1/102128/5/43409/70592/64d6221fF85254b40/f9b44c03842157b2.jpg', '商品价格': '4888.00', '评论数': None, '店铺名': '华为京东自营官方旗舰店', '是否自营': '自营'}

{'序号': 2, '商品名': '荣耀 X50 第一代骁龙 6 芯片 1.5K 超清护眼硬核曲屏 5800mAh 超耐久大电池 5G 手机 8GB+128GB 雨后初晴', '商品图片': 'https://img10.360buyimg.com/n7/jfs/t1/162258/36/39960/93 359/64d60451Fd6112c16/aa411843e00e5287.jpg', '商品价格': '1399.00', '评论数': None, '店铺名': '荣耀京东自营旗舰店', '是否自营': '自营'}

其中，"序号"是从 1 开始的自增整数，不是网页上的信息。剩余 6 项对应图 1-3-1 中 6 个数字标记的信息，需要从网页上爬取。

> **思考：** 如何才能保证在爬虫程序中获得该页面所有商品的数据呢？如果数据分页了，如何将所有页面的数据都采集下来呢？

任务导航

在本任务中将学习网页动态渲染的概念，讲解利用 Selenium 驱动 Chrome 浏览器获得网页的动态渲染数据。本任务将以爬取某电商网站商品页面数据为例，练习爬取多页的动态渲染数据的方法。下面让我们根据知识框架一起开始学习吧！

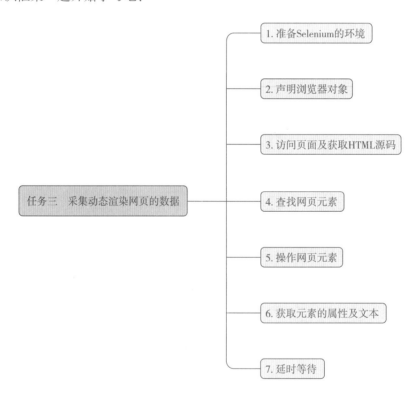

一、 准备 Selenium 的环境

Selenium 是一个用于 Web 应用程序测试的工具。Selenium 测试直接运行在浏览器中，就像真正的用户在操作一样。它支持多种浏览器，包括 IE、Mozilla Firefox、Safari、Chrome、Opera、Edge 等。这个工具的主要功能包括：测试应用程序与浏览器的兼容性——测试应用程序是否能够很好地在不同

浏览器和操作系统上工作；测试系统功能——创建回归测试；检验软件功能和用户需求；支持自动录制动作和自动生成 .Net、Java、Perl 等不同语言的测试脚本。

在爬虫领域，可以利用 Selenium 提供的接口驱动浏览器来模拟用户对目标网站的访问，然后再得到目标页面的 HTML 源码，这样就可以通过解析来获得需要的数据。借助 Selenium 还可以绕过那些采用了限制爬虫机制的站点。

（一）安装 Selenium 库

单击"开始"→"Aanaconda3"→"Anaconda Prompt(anaconda3)"菜单项，弹出 Anaconda Prompt 命令窗口。在该命令窗口中输入以下命令，安装效果如图 1-3-2 所示。

```
pip install -i https://mirrors.aliyun.com/pypi/simple/selenium
```

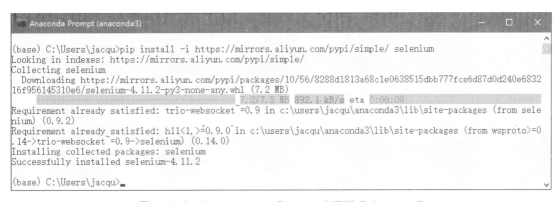

图 1-3-2　在 Anaconda Prompt 中安装 Selenium 库

这里是在 Anaconda 环境中安装的，在其他 Python 环境中的安装也与其类似。最后如果出现"Successfully installed ……"，则表示已成功安装。

（二）安装 Chrome 的驱动 ChromeDriver

安装好 Selenium 库之后，还需要安装 Chrome 浏览器的驱动 ChromeDriver，让浏览器可以配合 Selenium 自动化测试工具模拟用户的正常浏览过程。下面介绍如何配置 ChromeDriver 驱动。

（1）确定 Chrome 版本号。首先确定 Chrome 浏览器的版本，因为 ChromeDriver 驱动必须根据相应的 Chrome 版本来配置。单击 Chrome 菜单右上角的三个点图标，在菜单中选择"帮助"下的"关于 Google Chrome"选项，查看 Chrome 的版本号，如图 1-3-3 所示。

（2）下载 Chrome 浏览器驱动 ChromeDriver。明确了使用的 Chrome 浏览器版本后，就可以去 ChromeDiver 的官网下载对应版本的 ChromeDriver 了。ChromeDriver 的官网网址为 https://chromedriver.storage.googleapis.com/index.html。选择某个版本的文件夹，然后根据操作系统平台进行相应下载。本书选择下载 Windows 平台的版本，如图 1-3-4 所示。

（3）配置环境变量。将下载完成后的 ChromeDriver 压缩包解压，可以得到 chromedriver.exe 文件。为了在任意目录下都可以直接访问该文件，我们将其移动到系统的"Path"环境变量所包含的任一目录下，如"C:\Windows\System32"，如图 1-3-5 所示。当然，也可以将 chromedriver.exe 文件所在的目录直接添加到"Path"环境变量中去。

图 1-3-3　查看 Chrome 的版本号

图 1-3-4　下载 Chrome 的驱动 ChromeDriver

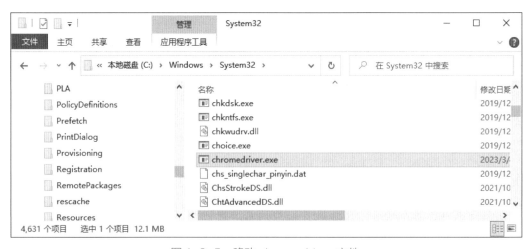

图 1-3-5　移动 chromedriver 文件

（4）验证安装。完成安装和配置后，就可以在 Windows 的命令窗口中输入命令"chromedriver"进行验证，当出现了"ChromeDriver was started successfully."的提示就表示 ChromeDriver 的环境变量配置正确，如图 1-3-6 所示。

图 1-3-6　验证 ChromeDriver 配置

在 Jupyter Notebook 中（也可在其他 Python 编程环境）执行如下代码验证 Selenium 的安装及 Chrome Driver 的配置是否正确。

```
from selenium import webdriver as wd
browser = wd.Chrome()
```

代码执行后，如果弹出一个如图 1-3-7 右侧所示的 Chrome 浏览器窗口，并且有"Chrome 正受到自动测试软件的控制。"的字样，则表示 Selenium 的安装和 ChromeDriver 的配置都正确。

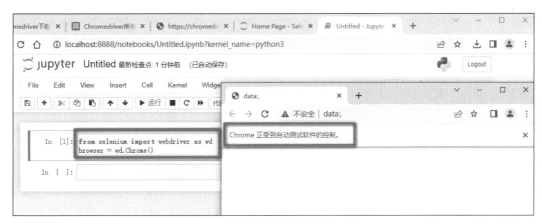

图 1-3-7　验证 Selenium 的安装及 ChromeDriver 的配置

Selenium 的基本使用流程是先导入 Selenium 库下相关的模块，再声明浏览器对象，如果需要浏览器对象按照特定参数创建，还需要声明参数对象。接下来就可以调用 get() 方法访问站点，然后通过调用 Selenium 提供的各种接口方法去控制页面的浏览操作，具体可参考下面的内容。

二、声明浏览器对象

（一）初始化浏览器对象时采用默认参数

使用 Selenium 模拟用户浏览网页前，需要先声明一个浏览器对象，示例代码如下所示。

```
from selenium import webdriver as wbd
browser = wbd.Chrome()
```

代码执行后就初始化了一个 Chrome 浏览器对象并保存在变量 browser 中，后面可以通过 browser 变量调用各种方法和属性完成不同操作并获得数据。

（二）使用指定参数初始化浏览器对象

假如需要在声明一个浏览器对象时指定一些参数，如浏览器位置、窗口的高宽尺寸等，示例代码如下所示。

```
from selenium import webdriver as wbd
chrome_options = wbd.ChromeOptions()    # 创建 ChromeOptions 实例，用来设定浏览器参数
#设置浏览器在屏幕上的初始位置 x,y，窗口的宽高值
chrome_options.add_argument(f'--window-position={5},{5}')
chrome_options.add_argument(f'--window-size={1000},{800}')
chrome_options.add_argument('lang=zh_CN.UTF-8')          # 设置中文
browser = wbd.Chrome(options=chrome_options)             # 声明浏览器对象时使用参数
```

三、 访问页面及获取 HTML 源码

声明浏览器对象后，可以通过 get() 方法请求指定的网页，然后可通过 page_sourse() 方法查看网页的源码，示例代码如下所示。请求的网页是京东首页，代码的部分执行结果如图 1-3-8 所示。

```
from selenium import webdriver as wbd
browser = wbd.Chrome()
browser.get('https://www.jd.com/')
print(browser.page_source)
browser.close()
```

```
<html class="o2_mini csstransitions cssanimations o2_webkit o2_chrome o2_latest"><head>
    <meta charset="utf8" version="1">
    <title>京东(JD.COM)-正品低价、品质保障、配送及时、轻松购物!</title>
    <meta name="viewport" content="width=device-width, initial-scale=1.0, maximum-scale=
s">
```

图 1-3-8　代码的部分执行结果

四、 查找网页元素

在程序中对文本框、按钮、链接等元素进行操作前，需要先将其从网页中查找出来，然后才能在程序中完成互动操作。

查找元素主要使用的是浏览器对象的 find_element() 方法。此方法有两个参数，第一个参数表示查找元素的方式，常用的有 By.ID、By.CSS_SELECTOR、By.XPATH；第二个参数是对应查找方式的属性值。

五、 操作网页元素

在 Selenium 中访问部分网页时需要同页面上的一些元素进行互动操作，如在文本框中输入文字、单击按钮及链接、拖动滚动条等。在进行大部分操作前，都需要先获得操作对象。只有先获得了操作

的对象（元素），才能知道操作是针对谁、由谁去执行。例如，要知道输入框是哪个元素才能在其中输入文字，要知道按钮（或链接）是哪个元素才可以对其进行单击操作。

下面介绍 Selenium 中常见元素互动操作的知识。

（一）文本框的操作

对于文本框的操作来说，主要是文字的清除、输入新的文字、发送回车键；对于按钮、链接来说，主要是单击操作。下面通过举例来说明。

例 1-3-1：用程序实现在 Selenium 浏览器中访问京东首页，并在搜索框中输入关键字"手机"，然后执行搜索。示例代码如下所示。

```
from selenium import webdriver as wbd
from selenium.webdriver.common.by import By
browser = wbd.Chrome()
browser.get('https://www.jd.com/')
key = browser.find_element(By.ID, 'key')       # 查找 id 为 "key" 的元素
button = browser.find_element(By.CSS_SELECTOR, '#search > div > div.form > button > i')
                                               # 查找按钮
key.clear()                                    # 清空文本框
key.send_keys(' 手机 ')                        # 向文本框中输入文字
button.click()                                 # 单击按钮
```

在这段代码中，首先查找京东首页的搜索文本框 key，再查找按钮 button，然后清空 key 中的文字并输入新的文字"手机"，之后单击 button。各关键步骤详细说明如下。

1. 查找元素

在例 1-3-1 中有一个 browser.find_element() 方法。在使用该方法时需要导入 By 模块，示例代码如下所示。

```
from selenium.webdriver.common.by import By
```

例 1-3-1 中采用 By.ID 来查找京东首页上的搜索文本框，搜索文本框在网页上的 id 值为"key"，如图 1-3-9 中 1 横线处所示。之后又通过 By.CSS_SELECTOR 方式查找搜索文本框后面的按钮，该按钮在网页上的 Selector 定位器为" #search > div > div.form > button > i"（提示：可通过在 Chrome 中打开京东首页，按" Ctrl+Shift+I"组合键进入开发者面板，利用选中工具定位搜索文本框和搜索按钮，获得文本框及搜索按钮节点的 id 及 CSS Selector 信息）。

2. 操作元素

例 1-3-1 中对文本框元素 input 进行的操作是输入字符串，示例代码如下所示。

```
key.send_keys(' 手机 ')
```

对按钮元素 button 进行的操作是单击操作，示例代码如下所示。

```
button.click()
```

图 1-3-9　在 Chrome 开发者面板中查看元素信息

执行这两行代码后，ChromeDriver 会自动操纵浏览器执行这两步操作。

（二）按钮和超链接的操作

这两类元素的操作是单击操作，在用 find_element() 方法找到之后，调用 click() 方法就可以达到单击的效果。例 1-3-1 中已演示，此处不再举例。

（三）控制网页滚动条

用户在实际浏览网页时经常需要下翻页面（即控制滚动条下翻页面）以显示更多内容，在使用 Selenium 模拟浏览器时也会需要控制页面的滚动条。但 Selenium API 并没有像文本框和按钮等元素一样提供直接的方法。那怎么办呢？其实我们可以让 Selenium 执行特定的 JavaScript 代码来实现滚动条下翻的效果，这需要用到 Selenium 的浏览器对象的 execute_script() 方法。下面通过例 1-3-2 来说明。

例 1-3-2：利用 Selenium 实现对 Chrome 中网页的垂直滚动条的控制。

本例的代码是在例 1-3-1 的基础上添加的，示例代码如下所示。

```
browser.execute_script('window.scrollTo(0, document.body.scrollHeight)')
```

例 1-3-2 中的代码是将页面滚动条滚到页面底端。执行之后可以发现滚动条确实向下滚动了，但是并没有到达页面底部，而是在接近中间的位置，这是为什么呢？其实这正是我们后面要重点介绍的内容：页面发生了动态渲染。简单来说就是京东的商品并不是一次性加载出来的，而是由于滚动条下滑到一定位置才会触发页面上的 JavaScript 发出新的请求，此时服务器返回一批新的商品数据，浏览器把新的商品数据渲染出来后，页面的高度就增加了，这就是此例中滚动条停在页面中间位置的原因。Selenium 的 execute_script() 方法还可以用来实现很多操作。

六、 获取元素的属性及文本

在实际中经常要获取某元素的属性、非属性文本、获取元素本身的 HTML 或内部的 HTML 源码，可以通过以下方法实现。

（1）get_attribute(" 属性名 ") 获取属性值，如 li.get_attribute("id")。

（2）访问元素的 text 属性获取非属性文本内容，如 li.text。

（3）get_attribute("outerHTML") 获取元素本身的 HTML 源码。

（4）get_attribute("innerHTML") 获取元素内部子孙元素的 HTML 源码。

下面通过例 1-3-3 对获取元素的属性和文本加以说明。

例 1-3-3：在例 1-3-1 的基础上，获取第一个商品的名称、价格等信息。

打开商品页面的开发者面板，查看商品页面的源码，如图 1-3-10 所示。用选中工具（开发者面板"元素"选项卡左边的带小箭头的图标 ⌖ ）定位其"价格"和"商品名"两个网页元素，在右边"元素"中分别复制两个元素的 CSS Selector 定位器，然后编写代码，示例代码如下所示。

```python
from selenium import webdriver as wbd
from selenium.webdriver.common.by import By
browser = wbd.Chrome()
browser.get('https://www.jd.com/')
key = browser.find_element(By.ID, 'key')                          # 查找 id 为 key 的元素
button = browser.find_element(By.CSS_SELECTOR, '#search > div > div.form > button > i')  # 查找按钮
key.clear()                                                       # 清空文本框
key.send_keys(' 手机 ')                                           # 向文本框中输入文字"手机"
button.click()                                                    # 单击按钮
phone = browser.find_element(By.CSS_SELECTOR,'#J_goodsList> ul > li:nth-child(1) > div >
div.p-name.p-name-type-2 > a')                                    # 查找商品名所在的 a 元素
print(phone.get_attribute('title'))                               # 获得 title 属性
price = browser.find_element(By.CSS_SELECTOR,'#J_goodsList> ul > li:nth-child(1) > div > div.p-
price > strong > i')                                              # 查找价格所在的 i 元素
print(price.text)                                                 # 获得 i 的文字
```

示例代码运行结果如图 1-3-11 所示。

在例 1-3-3 中，先查找了商品的名称在网页上的节点元素并保存为 phone 变量，该节点元素是一个 a 标签，商品名称是该标签的 title 属性，所以可以通过 get_attribute() 方法获得属性值。

然后通过 CSS Selector 定位器的方式查找到商品价格对应的节点元素并将它赋值给 price 变量，该节

点元素是一个 i 标签，因为价格数字是该标签的文本内容，可以通过 price.text 获得标签内的文本内容。

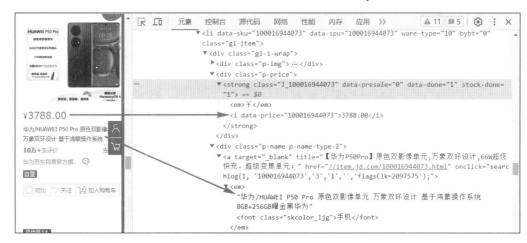

图 1-3-10　商品页面的源码

```
phone = browser.find_element(By.CSS_SELECTOR,'#J_goodsList > ul > li:nth-child(3) > div > div.p-name.p-name-type-2 > a')
print(phone.get_attribute('title'))                                      # 获得title属性
price = browser.find_element(By.CSS_SELECTOR,'#J_goodsList > ul > li:nth-child(3) > div > div.p-price > strong > i')
print(price.text)
```

```
【华为P50Pro】原色双影像单元,万象双环设计,66W超级快充,超级变焦单元;
3788.00
```

图 1-3-11　示例代码运行结果

七、延时等待

网页的加载往往需要一定的时间，页面内容的不同、访问时网络环境的不同，加载所需的时间也会不同，因此我们很难在爬虫程序中设置一个统一的等待时间。另外，现在很多页面会采用 Ajax 加载技术，页面首次加载时页面中并没有包含很多的数据，需要根据用户的操作动态获取数据。

如果浏览器刚开始加载页面就想通过访问浏览器对象的 page_source 属性来获取页面的 HTML 源码，这很可能会导致失败，即源码中没有包含所需数据。

那么，以上问题如何解决呢？答案就是使用 Selenium 提供的延时等待机制，在加载页面的过程中等待一定的时间，当满足一些条件后再进行后续的操作或读取数据，这样就可以保证能正常操作或获得需要的数据。等待一定时间后再查看是否满足某些条件的做法就是延时等待。

Selenium 延时等待在实际中一般是指定一个要查找的节点元素，查看其是否能在规定时间内加载出来，如果加载出来了就返回该节点，否则抛出超时异常。

例 1-3-4：在例 1-3-1 的基础上，将商品浏览页面的滚动条下拉到底部，在"到第"后面的输入框中输入"2"，单击"确定"按钮跳转到第 2 页，如图 1-3-12 所示。

图 1-3-12　跳转到第 2 页

实现的示例代码如下所示。

```
from selenium import webdriver as wbd
from selenium.webdriver.common.by import By
```

```
import time
from selenium.webdriver.support.ui import WebDriverWait
from selenium.webdriver.support import expected_conditions as EC
from selenium.webdriver.common.keys import Keys


chromeOptions = wbd.ChromeOptions()
chromeOptions.add_argument("--start-maximized")    # 窗口最大化
browser = wbd.Chrome(options=chromeOptions)        # 利用 chromeOptions 参数创建浏览器对象
wait = WebDriverWait(browser, 10)                  # 声明延时等待对象 wait，最长等待 10 秒
browser.get('https://www.jd.com/')
key = browser.find_element(By.ID, 'key')           # 查找搜索框
button = browser.find_element(By.CSS_SELECTOR, '#search > div > div.form > button > i')
                                                   # 查找按钮
key.send_keys(' 手机 ')                             # 输入关键字 "手机"
button.click()                                     # 单击搜索按钮
time.sleep(1)                                       # 程序暂停 1 秒，让页面跳转加载


# 每个页面开始是没有加载跳转框的，需要页面向下滑动到一定位置才会加载
# 1. 先将滚动条滑到底部
browser.execute_script("window.scrollTo(0, document.body.scrollHeight)")
# 2. 获取当前页高度的像素值
scroll_height = browser.execute_script("return document.documentElement.scrollHeight")
# 3. 滚动条先回到页码顶部，从顶部开始下滑
browser.execute_script("window.scrollTo(0,document.body.scrollTop)")
# 4. 利用 for 循环实现下滑（每次向下滚动 30 像素后停 0.01 秒）
for i in range(0, (int(scroll_height/30))):
    browser.execute_script('window.scrollBy(0,30)')  # 执行下滑滚动条的 JavaScript 语句
    time.sleep(0.01)
# 5. 等待页码跳转框出现
input_page = wait.until(EC.presence_of_element_located((By.CSS_SELECTOR,"#J_bottomPage>
span.p-skip > input")))
# 6. 先清空跳转框，然后输入要跳转的页码，如数字 2
input_page.clear()
input_page.send_keys('2')
# 7. 发送回车键，执行跳转
input_page.send_keys(Keys.ENTER)
```

第 1 步通过执行 JavaScript 命令将页面滑到底部，让页面加载下一批商品数据。第 2、3、4 步利

用 for 循环从页面顶部开始向下滚动滚动条，每次滑动 30 个像素并暂停 0.01 秒。第 5 步是设置延时等待的条件，等待跳转框的出现。第 6 步将跳转框中的文本清空。第 7 步单击回车键执行跳转。

在例 1-3-4 的代码中，第 5 步用到了等待节点加载出来的等待条件，即 EC.presence_of_element_located()。其实还有很多等待条件，常用的等待条件如表 1-3-1 所示。

表 1-3-1　Selenium 中延时等待条件

序号	等待条件	说明
1	title_is	标题是某内容
2	title_contains	标题含有某文字
3	presence_of_element_located	节点加载出来，参数是元组类型，如（By.ID,"q"）
4	visibility_of_element_located	节点可见，参数是元组类型
5	presence_of_all_elements_located	所有节点加载出来，参数是元组类型
6	text_to_be_present_in_element	节点文本包含某文字
7	element_to_be_clickable	节点可以单击
8	staleness_of	节点是否仍在 DOM 中，用于判断页面是否刷新
9	element_to_be_selected	节点可选择，参数是节点对象
10	element_located_to_be_selected	节点可选择，参数是元组类型

使用延时等待机制首先要引入几个模块，如例 1-3-4 中的第 2、4、5 行代码分别引入了 By、WebDriverWait、expected_conditions 三个模块。为了简化书写，expected_conditions 模块经常会被定义为 EC。

在声明浏览器对象 browser 之后，就可以创建等待对象 wait，例 1-3-4 中的 wait 对象在初始化时指定了一个参数 10，表示最长等待时间为 10 秒，如果超过这个时间还未满足等待条件则会抛出 TimeoutException 异常。

第 5 步的代码在 until 方法中传入了一个等待条件，其等待条件的作用是 CSS 选择器能匹配到"#J_bottomPage> span.p-skip > input"表示的元素。

⚠️ 注意：
wait.until() 方法还有返回值，返回值是传入的节点对象。

八　任务实践

在例 1-3-4 中，我们基本上实现了通过 Selenium 控制 Chrome 浏览器访问京东首页，在首页输入商品的关键字后会跳转到商品浏览页面，模拟用户的浏览速度来控制滚动条滚动让商品的数据加载出来，当一页的数据加载完成后，可以通过跳转框跳转页面，这样就可以实现逐页滚动动态加载数据。在此基础上实现多页商品数据的爬取，只需要添加对每一页商品的解析代码就可以了。

（1）定义保存数据到文件的函数 save_to_txt(filename, data)。

此函数的功能是把整理好的字典结构的数据写入指定的 txt 文件中。第一个参数 filename 为 txt 文件名，第二个参数 content 为要写入的数据（字典类型数据），示例代码如下所示。

```
#将字典类型数据写入指定的 txt 文件
def save_to_txt(filename, content):
    with open(filename, 'a', encoding='utf-8') as file:
        file.write(json.dumps(content,ensure_ascii=False)+'\n')
```

（2）定义解析商品数据的函数 parse_one_page(html)。

图 1-3-1 中用带圈数字标注的是需要我们提取的商品数据项。为了完成此任务，定义一个函数 parse_one_page(html)，用来实现对图 1-3-1 中的 6 项数据的解析，参数 html 表示页面的 HTML 字符串，解析时采用 BeautifulSoup 完成，示例代码如下所示。

```
#解析商品数据
def parse_one_page(html):
    global PRODUCT_ID                              #声明全局变量，保存商品序号
    soup = BeautifulSoup(html,'lxml')              #构造 BeautifulSoup 对象
    products = soup.select('#J_goodsList> ul > li')
    for proc in products:
        PRODUCT_ID += 1                            #商品序号每次递增1
        pic_tags = proc.select('div > div.p-img> a >img')
        pic = pic_tags[0]["src"] if len(pic_tags)> 0 else ''
        price_tags = proc.select('div > div.p-price > strong > i')
        price = price_tags[0].string if len(price_tags)>0 else ''
        comment_tags = proc.select('div > div.p-commit > strong')
        comment = comment_tags[0].string if len(comment_tags)>0 else ''
        shop_tags = proc.select('div > div.p-shop > span > a')
        shop = shop_tags[0].string if len(shop_tags)>0 else ''
        name_tags = proc.select('div > div.p-name.p-name-type-2 > a > em')
        name = name_tags[0].text if len(name_tags)>0 else ''
        jd_self_support_tags = proc.select('i.goods-icons.J-picon-tips.J-picon-fix')
        jd_self_support =jd_self_support_tags[0].string if len(jd_self_support_tags)>0 else ''
        product = {                               #整理为字典结构
            "index": PRODUCT_ID,
            "image": 'https:' + pic ,
            "price": price,
            "comment": comment,
            "shop": shop,
            "name": name,
            "jd_self_support": jd_self_support
```

63

```
        }
        print(product, '\n')                #在控制台打印
        save_to_txt(txt_filename, product)   #调用保存到文件的方法
```

（3）定义滚动条下滑的函数 scroll_page(browser)。

页面商品数据的完整加载需要用户向下滑动滚动条才会完成，并且滑动速度不能太快，为了在程序中模拟用户正常浏览时滑动滚动条，可以用一个循环来控制滚动条的下滑速度。我们定义了一个函数 scroll_page(browser) 来控制页面垂直滚动条的下滑，参数 browser 为浏览器对象，示例代码如下所示。

```
#控制页面垂直滚动条下滑的函数，传入浏览器对象 browser
def scroll_page(browser):
    # 1.获取当前页高度的像素值
    scroll_height = browser.execute_script("return document.documentElement.scrollHeight")
    # 2.让滚动条先回到页码顶部，从顶部开始下滑（模拟用户的下滑速度）
    browser.execute_script("window.scrollTo(0,document.body.scrollTop)")
    # 3.利用 for 循环语句实现滚动，循环次数为页面高度 /30，每次向下滚动 30 像素后停 0.01 秒
    for i in range(0, (int(scroll_height/30))):
        #执行滚动的 JavaScript 语句
        browser.execute_script('window.scrollBy(0,30)')
        #每次下滑 30 像素后暂停 10 毫秒，避免下滑过快
        time.sleep(0.01)
```

（4）定义请求页面的函数 get_one_page(pageindex, browser)。

要爬取前 5 页商品数据，需要从第 1 页逐页跳转到第 5 页，并通过 browser 对象的 page_source 属性获得每页的 HTML 源码，然后即可调用 parse_one_page() 函数完成对一页商品数据的解析。页码跳转及调用 parse_one_page() 的代码封装在函数 get_one_page(pageindex, browser) 中便于调用，其中参数 pageindex 为页码，参数 browser 为浏览器对象，示例代码如下所示。

```
def get_one_page(pageindex, browser):
    try:
        if pageindex == 1:
            #模拟正常用户滚动速度，将滚动条缓慢滚动到底部
            # 1.滚动条滚动到底部，加载后 30 个商品，得到页面真实高度
            browser.execute_script("window.scrollTo(0, document.body.scrollHeight)")
            time.sleep(0.15)
            # 2.调用滑动方法 scroll_page()
            scroll_page(browser)
            # 3.调用解析数据方法 parse_one_page()
```

```
        html = browser.page_source            #获得当前页的 HTML 源码
        parse_one_page(html)                  #调用解析数据方法
    elif pageindex > 1:
        # 1.先将滚动条滚动到底部两次（因为滑动 1 次又会加载第二批商品数据，
        #导致页面高度变化，滚动两次才能确保加载出跳转框）
        browser.execute_script("window.scrollTo(0, document.body.scrollHeight)")
        time.sleep(0.15)
        # 2.等待加载 " 跳转框 " 出现
        input_page = wait.until(EC.presence_of_element_located((By.CSS_SELECTOR,"J_
bottomPage> span.p-skip > input")))
        input_page.clear()                    #必须先清空原来的数字
        input_page.send_keys(pageindex)       #输入要跳转的页面
        input_page.send_keys(Keys.ENTER)      #发送回车键，执行跳转
        # 3.等待第 pageindex 页加载并确认是否为第 pageindex 页
        #滚动条滑动到底部两次，中间停留 0.15 秒
        browser.execute_script("window.scrollTo(0, document.body.scrollHeight)")
        time.sleep(0.15)
        browser.execute_script("window.scrollTo(0, document.body.scrollHeight)")
        #设置等待条件确认当前页码，通过下方的跳转页面控件中的高亮显示的页码确认
        wait.until(EC.text_to_be_present_in_element((By.CSS_SELECTOR,"#J_bottomPage>
span.p-num > a.curr"), str(pageindex)))
        # 4.缓慢滚动滚动条
        scroll_page(browser)
        # 5.解析数据
        html = browser.page_source            #获得当前页的 HTML 源码
        parse_one_page(html)                  #解析数据
except TimeoutException:
    get_one_page(pageindex, browser)
```

（5）定义整合函数 main()，处理一些初始化的工作并调用前面的函数，示例代码如下所示。

```
def main():
    url='https://www.jd.com'
    chromeOptions = webdriver.ChromeOptions()              #创建选项对象：chromeOptions
    chromeOptions.add_argument("--start-maximized")        #窗口最大化
    browser = webdriver.Chrome(options=chromeOptions)      #声明浏览器对象
    wait = WebDriverWait(browser,10)                       #声明延时等待对象
    KEYWORD = '手机'                                        #搜索关键字"手机"
```

```
PRODUCT_ID = 0                                                  # 全局变量的初始值
MAX_PAGE = 5                                                     # 解析数据的最大页数
txt_filename = 'jd.txt'                                         # 保存结果数据的 txt 文件名
browser.get(url)                                                # 请求页面
input = wait.until(EC.presence_of_element_located((By.ID,'key')))  # 等待首页搜索框加载出来
input.send_keys(KEYWORD)                                        # 搜索框中输入关键字"手机"
input.send_keys(Keys.ENTER)                                     # 发送回车键进入手机商品页面
# 将滚动条滑到底部以加载页码框:
browser.execute_script("window.scrollTo(0, document.body.scrollHeight)")
# 循环控制要爬取的页面从 1 到 5, 调用 get_one_page(pageindex) 逐页访问:
for i in range(1, MAX_PAGE+1):
    print(' 正在爬取第 %s 页 .......' % str(i))
    get_one_page(i, browser)                                    # 请求指定页码的页面

browser.close()                                                 # 全部页码解析完成, 最后关闭浏览器
```

（6）最后调用 main()，测试整个任务的效果，示例代码如下所示。

```
if __name__ == '__main__':
    main()
```

程序执行后，控制台的输出信息如图 1-3-13 所示。

```
正在爬取第1页.......
{'序号': 1, '商品名': '华为/HUAWEI P60 超聚光XMAGE影像 双向北斗卫星消息 256GB 羽砂
黑 鸿蒙曲面屏 智能旗舰手机', '商品图片': 'https://img12.360buyimg.com/n7/jfs/t1/102
128/5/43409/70592/64d6221fF85254b40/f9b44c03842157b2.jpg', '商品价格': '4888.00',
'评论数': None, '店铺名': '华为京东自营官方旗舰店', '是否自营': '自营'}

{'序号': 2, '商品名': '荣耀X50 第一代骁龙6芯片 1.5K超清护眼硬核曲屏 5800mAh超耐久大
电池 5G手机 8GB+128GB 雨后初晴', '商品图片': 'https://img10.360buyimg.com/n7/jfs/t
1/162258/36/39960/93359/64d60451Fd6112c16/aa411843e00e5287.jpg', '商品价格': '1399.
00', '评论数': None, '店铺名': '荣耀京东自营旗舰店', '是否自营': '自营'}

{'序号': 3, '商品名': '荣耀X50 第一代骁龙6芯片 1.5K超清护眼硬核曲屏 5800mAh超耐久大
电池 5G手机 8GB+128GB 典雅黑', '商品图片': 'https://img13.360buyimg.com/n7/jfs/t1/2
17496/4/22585/96711/64d60451F0e6f9464/3185403a23d9cc99.jpg', '商品价格': '1399.00',
'评论数': None, '店铺名': '荣耀京东自营旗舰店', '是否自营': '自营'}
```

图 1-3-13　控制台输出信息

整体思路及 main
函数的编写 -1

解析网页数据的函数
parse_one_page 的
编写 -2

页面跳转处理及程序
调试 -3

巩/固/与/提/高

请编程实现如下任务。

利用 Selenium 驱动浏览器访问 www.51job.com 网站，搜索"爬虫"关键字查询职位，然后解析每个职位的 8 项数据（见图 1-3-14 中标注的 8 个数字），将数据整理成字典类型，并在控制台打印。

图 1-3-14　解析职位的 8 项数据

字典格式如下：

{"job_name": " 爬虫工程师 ", "job_url": "https://jobs.51job.com/......", "salary": "1-1.5 万 ", "address": " 广州 · 番禺区 ", "work_experience": "3-4 年 | 本科 ", "company": " 广州思帆信息科技有限公司 ", "comp_size": "50-150 人 ", "comp_industry": " 互联网 / 电子商务 "}

在线测试 3

任务四　使用Scrapy框架

如何快速地开发一个爬虫项目？如何一次性爬取整个站点的不同页面呢？

在实际工程实践中，经常会通过一些软件工具来提高开发效率，对于爬虫来讲就是使用各种爬虫框架。在这些爬虫框架中，有一款无疑是其中最流行的，它就是 Scrapy 框架。

Scrapy 是一个适用于爬取网站数据、提取结构性数据的应用程序框架，它可以应用在数据挖掘、信息处理或存储历史数据等系列的程序中。Scrapy 吸引人的地方在于任何用户都可以根据需求方便地修改。它也提供了多种类型爬虫的基类，如 BaseSpider、sitemap 爬虫等，最新版本还提供了对 Web 2.0 爬虫的支持。通常我们可以很简单地通过 Scrapy 框架实现爬虫，抓取指定网站的内容或图片。

案例导入

在本任务中为了很好地理解 Scrapy 框架的原理，我们继续使用任务二提到的引言网站。这个网站的网页很简单，但是麻雀虽小，五脏俱全。下面借助这个网站详细演示 Scrapy 的基础使用方法，引言网站首页如图 1-4-1 所示。

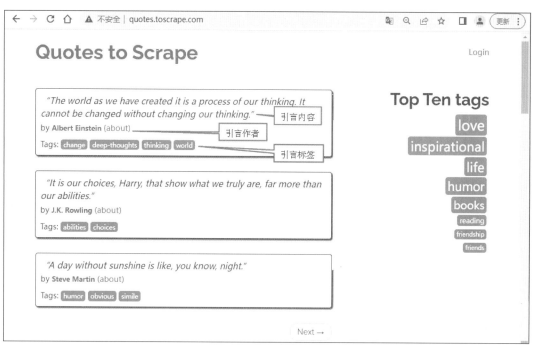

图1-4-1　引言网站首页

任务导航

图 1-4-1 所示的网站是一个展示名人引言的站点，该站点共有 10 页，每页展示 10 条引言。每条引言数据由引言内容、引言作者、引言标签 3 项信息构成。在页面底部有一个"Next"翻页按钮。

在本任务中，我们将学习用 Scrapy 框架快速搭建一个项目 quotesproject 将这 100 条名人引言的数据爬取下来，并且保存到 CSV 文件和 MySQL 数据库。下面让我们根据知识框架一起开始学习吧！

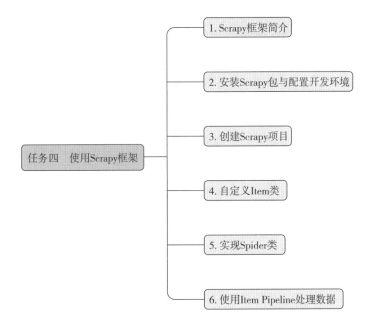

一、Scrapy 框架简介

学习 Scrapy 框架要从理解它的架构开始。Scrapy 的架构如图 1-4-2 所示。图中的箭头代表数据的流动方向。

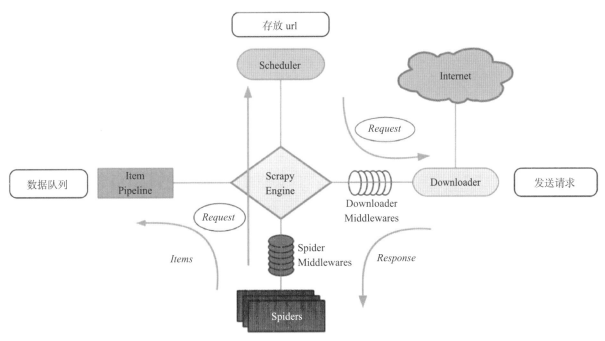

图 1-4-2 Scrapy 架构

可以看到，Scrapy 框架是由 Scrapy Engine、Scheduler、Downloader、Spiders、Item Pipeline、Downloader Middlewares、Spider Middlewares 这些模块组成的。

那么，在框架中这些模块起什么作用呢？框架的运作流程又是如何的呢？带着这两个问题，我们用一张表和一张图给大家简要说明一下。Scrapy 框架中各模块的简介如表 1-4-1 所示。

表 1-4-1　Scrapy 框架中各模块的简介

模块	中文名	作用及特点	是否需要编程
Scrapy Engine	引擎	总指挥角色，负责数据和信号在不同部件之间的传递	Scrapy 框架已经实现
Scheduler	调度器	存放引擎发送的 Request 请求数据列表，并负责调度当前要处理的请求	Scrapy 框架已经实现
Downloader	下载器	根据引擎发送的 Request 请求向站点请求，并将站点的相应结果封装为 Response 对象返回给引擎	Scrapy 框架已经实现
Spider	爬虫	处理引擎发送来的 Response 对象，从站点提取需要的数据，提取新的要处理的 URL（如果有）并交给引擎	需要程序员编写代码实现，有时一个项目还需要编写多个 Spider 代码
Item Pipeline	管道	处理引擎传送过来的数据。例如，负责将数据存储到数据库或文件中	需要程序员编写代码实现
Downloader Middlewares	下载中间件	可以自定义的下载器的扩展，如设置代理、请求时采用 Selenium 驱动浏览器等	一般情况下不用编写，只在需要相应功能时才要编写
Spider Middlewares	爬虫中间件	可以自定义 Request 请求和进行 Response 过滤	一般情况下不用编写，只在需要相应功能时才要编写

Scrapy 框架的运行流程如图 1-4-3 所示。

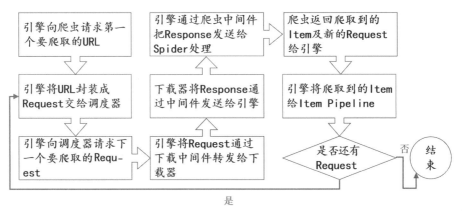

图 1-4-3　Scrapy 框架的运行流程

通过表 1-4-1 和图 1-4-3，相信大家对 Scrapy 框架的组成以及各模块是如何运作的有了一个基本的认识，并且对基于框架开发爬虫项目应该编写哪几个模块的代码也有了一个初步的了解。大家应该对利用这个框架开发一个自己的小项目已经跃跃欲试了吧，下面我们就从 Scrapy 的安装开始学习。

二、安装 Scrapy 包与配置开发环境

Scrapy 的安装分为在系统下的安装和在集成开发工具中的安装两种情况。因为 Scrapy 项目的创建一般是通过 Scrapy 提供的命令创建的，所以需要先在系统中安装。另外，Scrapy 项目由多个文件和文件夹组成，为了方便管理和调试，一般要采用专门的集成开发工具（如 PyCharm）来管理，那么就需要在集成开发工具中安装 Scrapy 包。

（一）在 Windows 系统中安装 Scrapy 包

在安装 Scrapy 包之前，需要保证 Windows 系统中已经安装了 Python 3。打开命令提示符，通过 pip 命令安装 Scrapy 包的安装命令如下所示。

```
pip install -i https://mirrors.aliyun.com/pypi/simple/scrapy
```

该命令中"scrapy"为小写，并且使用了"-i"参数指定从阿里云国内代理站点下载 Scrapy 包，这样会比从国外的官方网站下载快一点。图 1-4-4 为安装 Scrapy 包的部分效果。

```
命令提示符                                                       —    □    ×

C:\Users\jacqu>pip install -i https://mirrors.aliyun.com/pypi/simple/ scrapy
Looking in indexes: https://mirrors.aliyun.com/pypi/simple/
Collecting scrapy
  Downloading https://mirrors.aliyun.com/pypi/packages/9e/ce/c9d2b543b1ccedb59102ca3523752245b3e5bd2157ca6bd491b86a54050
d/Scrapy-2.10.0-py2.py3-none-any.whl (281 kB)
                                         281 kB 819 kB/s
Requirement already satisfied: cryptography>=36.0.0 in c:\python39\lib\site-packages (from scrapy) (41.0.2)
Installing collected packages: scrapy
Successfully installed scrapy-2.10.0
WARNING: You are using pip version 20.2.3; however, version 23.2.1 is available.
You should consider upgrading via the 'c:\python39\python.exe -m pip install --upgrade pip' command.

C:\Users\jacqu>
```

图 1-4-4　安装 Scrapy 包

（二）在 PyCharm 中安装 Scrapy 包

在 PyCharm 中打开 Scrapy 项目（打开方法见本任务"在 PyCharm 中打开项目并配置开发环境"的内容），然后单击"File"→"Settings"菜单，弹出"Settings"对话框，如图 1-4-5 所示。

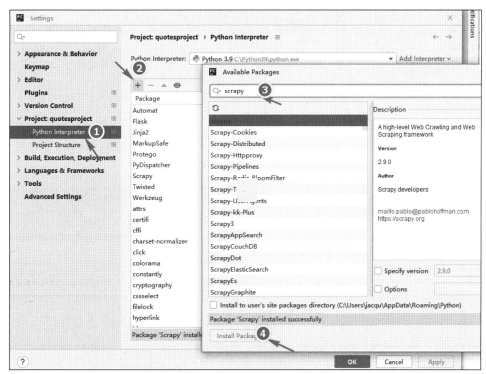

图 1-4-5　在 PyCharm 中安装 Scrapy 包

单击窗口左边的"project:quotesproject"（注意"："后面的内容会随项目名称的不同而变化），再单击下面的"Python Interpreter"选项，然后在中间窗口一栏的上部单击"+"，弹出"Available

Packages"对话框，在该对话框的搜索栏输入"scrapy"，搜索到后单击左下角的"Install Package"按钮开始安装。等待一段时间，当出现"Package 'Scrapy' installed successfully"表示已成功安装Scrapy 包。

到此，Scrapy 项目的开发和运行环境搭建好了。

三、 创建 Scrapy 项目

利用 Scrapy 框架创建自己的项目，需要完成 3 个初始工作，分别是命令行创建项目文件夹、创建项目的爬虫至文件、在 PyCharm 中打开项目并配置开发环境。

(一) 通过命令行创建项目文件夹

安装好 Scrapy 包之后，就可以在 cmd 命令行窗口中通过命令来创建项目了，如创建本任务中的项目"quotesproject"，命令如下，执行效果如图 1-4-6 所示。

```
scrapy startproject quotesproject
```

图 1-4-6　创建项目文件夹

在执行命令前注意先切换到指定目录下，这样创建的项目文件夹就会放在我们希望的位置。执行命令后如果出现"You can start your first spider with: ……"表示已创建成功。

(二) 创建项目的起始爬虫文件

接下来，创建项目的起始 Spider。按照图 1-4-6 中的提示即可创建该 Spider。

在创建 Spider 前，要先确定起始 Spider 的名字，以及该爬虫项目允许爬取的域名。以本任务为例，Spider 的名字为"quotes"，允许爬取的域名为"quotes.toscrape.com"，那么创建的命令如下。

```
cd quotesproject
scrapy genspider quotes quotes.toscrape.com
```

第一条命令是切换到项目的根目录，然后执行 scrapy genspider 命令。第一个参数 quotes 是 Spider

的名字，第二个参数是限定爬取的域名范围。执行后在 spiders 文件夹中会生成一个 quotes.py 文件，它就是刚创建的 Spider 类的 Python 入口文件。

（三）在 PyCharm 中打开项目

完成上面两步工作后，可以在 PyCharm 中打开项目。如果你的计算机安装有 PyCharm Community Edition（可以从网上下载免费版安装），在项目的根文件夹上右击，在弹出的右键菜单上执行"Open Folder as PyCharm Community Edition Project"命令，就可以在 PyCharm 中打开项目了，如图 1-4-7 所示。如果右键菜单没有该选项，可能是安装 PyCharm 时没有将菜单项添加到系统快捷菜单。那么可以先启动 PyCharm，然后执行"File"→"Open"命令去打开项目的根文件夹。

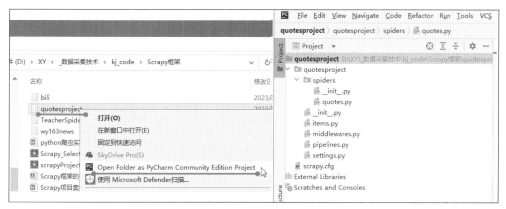

图 1-4-7　在 PyCharm 中打开项目

⚠️ 注意：

项目的根文件夹下，还有一个同名的子文件夹，避免混淆。

四、 Scrapy 项目开发入门

（一）项目的文件结构

我们已经了解了在 PyCharm 中打开 Scrapy 项目的方法。打开后的项目文件结构如图 1-4-7 所示，这里面都有哪些文件和文件夹？这些文件和文件夹都有什么作用呢？下面分别介绍各个文件和文件夹的功能。

（1）scrapy.cfg：Scrapy 项目的配置文件，定义了项目的配置文件路径和部署的相关信息。

（2）items.py：用来定义 Item 数据结构，项目中所有自定义的 Item 类都应放在此文件里。

（3）pipelines.py：在该文件中编写 Item Pipeline 的代码，所有的管道类都写在这里。

（4）settings.py：定义了项目的全局配置。

（5）middlewares.py：在该文件中放置 Spider Middlewares 和 Downloader Middlewares 的实现。

（6）spiders：该文件夹用来存放 Spider 的实现，每个 Spider 都编写在一个单独的 .py 文件中，并且其中有唯一一个 Spider 作为项目的起始 Spider。

（二）Spider 类

Spider 是需要我们自己编写的类，Scrapy 引擎会使用它从 Response 对象中提取出需要的数据。一个项目中可以有若干个 Spider 类，每个 Spider 类负责按照指定方式从对应的 Response 对象中解析数据，并将数据保存到 Item 对象中，然后再传送给引擎，由引擎交给管道类去做后续的处理。

通过 "scrapy genspider quotes quotes.toscrape.com" 为项目创建起始 Spider，它和项目根文件夹下的 "\quotesproject\spiders\quotes.py" 文件对应，示例代码如下所示。

```python
import scrapy
class QuotesSpider(scrapy.Spider):
    name = "quotes"
    allowed_domains = ["quotes.toscrape.com"]
    start_urls = ["https://quotes.toscrape.com"]

    def parse(self, response):
        pass
```

QuotesSpider 类中定义了 3 个属性：name、allowed_domains、start_urls，还定义了一个方法 parse()。各项的具体信息如下。

（1）name：每个 Spider 爬虫的名字，通过它来区分爬虫。

（2）allowed_domains：一个列表类型的数据。表示爬虫项目允许爬取的域名范围。如果请求不在此范围则不会被爬取。

（3）start_urls：包含 Spider 在启动时的初始请求 URL。

（4）parse()：Spider 用来从 response 参数中解析数据的方法。该方法被 Scrapy 引擎调用时，会向该方法的 response 参数传递值，该值就是下载器根据起始 URL 从站点获得的 Response 对象。因此，在 parse() 方法里直接使用参数 response 即可完成数据解析。

（三）保存爬虫数据的容器——Item 类

Item 类是保存爬虫数据的容器。它的使用方法和字典类似，不过相比字典多了额外的保护机制，可以避免拼写错误或者定义字段错误。

创建 Item 类需要继承 scrapy.Item 类，并且定义类型为 scrapy.Field 的字段。

Item 类是写在 items.py 文件中的，示例代码如下所示。

```python
import scrapy
class QuoteItem(scrapy.Item):
    text = scrapy.Field()
    author = scrapy.Field()
    tags = scrapy.Field()
```

首先引入 scrapy 模块，然后定义 QuoteItem 类，它继承自 scrapy.Item 类。在这个 QuoteItem 类中定义了 text、author 和 tags 3 个字段，它们的类型都是 scrapy.Field。

在 Scrapy 框架中传递爬虫提取出来的数据时，就会创建该 Item 类的一个实例对象，其实例对象作为保存数据的容器。

（四）解析 Response 数据

Downloader 向站点请求获得 Response 响应，再通过 Scrapy Engine 传递给指定的 Spider 去处理。那么对应的 Spider 中的 parse() 方法会进行数据的解析。该方法的第二个参数 response 为服务器的 Response 对象，它包含了请求的网页数据，可以拿来解析数据。提取数据的方式主要有 CSS 选择器或 XPath 选择器。本任务的目标网页结构如图 1-4-8 所示。解析该网页结构时，可以使用下面的代码解析。

图 1-4-8　目标网页结构

```
def parse(self, response):
    quotes = response.css('.quote')
    for quote in quotes:
        text = quote.css('.text::text').extract_first()
        author = quote.css('.author::text').extract_first()
        text = quote.css('.tags > .tag::text').extract()
```

（1）"response.css('.quote')" 是用来解析目标网页中 class 属性为 "quote" 的元素。这类标签有很多，每个标签代表一条名人引言，解析后会将结果保存在变量 quotes 中。

（2）在 for 循环内部第一行代码的作用是搜索每个 div 标签里面的 class 属性为 "text" 的 span 标签并得到其文本内容。在 css() 中使用 "::text" 表示获取某个元素的文本。该 CSS 选择器返回的结果是一个类似如下内容的对象。

```
[<Selector query="descendant-or-self::*[@class and contains(concat(' ', normalize-space(@class), ' '), ' text ')]/text()"data="'The world as we have created it is a...'>]
```

我们需要的数据为 data 属性的值。如果要得到它的值，需要用 extract() 方法或 extract_first() 方法提取出来。这两个方法稍有区别，extract() 方法提取出来后是一个包含 data 值的列表，extract_first() 方法直接提取列表中第一个元素的字符串，具体区别如图 1-4-9 所示。

```
命令提示符 - scrapy shell https://quotes.toscrape.com/
Microsoft Windows [版本 10.0.19044.3086]
(c) Microsoft Corporation。保留所有权利。

C:\Users\jacqu>scrapy shell https://quotes.toscrape.com/
2023-08-14 09:09:53 [scrapy.utils.log] INFO: Scrapy 2.10.0 started (bot: scrapybot)
2023-08-14 09:09:53 [scrapy.utils.log] INFO: Versions: lxml 4.9.3.0, libxml2 2.10.3, cssselect 1.2.0, parsel 1.8.1, w3li
b 2.1.1, Twisted 22.10.0, Python 3.9.1 (tags/v3.9.1:1e5d33e, Dec  7 2020, 17:08:21) [MSC v.1927 64 bit (AMD64)], pyOpenS
SL 23.2.0 (OpenSSL 3.1.1 30 May 2023), cryptography 41.0.2, Platform Windows-10-10.0.19041-SP0
2023-08-14 09:09:53 [scrapy.addons] INFO: Enabled addons:
>>> quotes = response.css('.quote')
>>>
>>> quote1 = quotes[0]
>>> quote1
<Selector query="descendant-or-self::*[@class and contains(concat(' ', normalize-space(@class), ' '), ' quote ')]" data=
'<div class="quote" itemscope itemtype...'>
>>>
>>> t1 = quote1.css('.text::text')
>>> t1
[<Selector query="descendant-or-self::*[@class and contains(concat(' ', normalize-space(@class), ' '), ' text ')]/text()
" data='“The world as we have created it is a...'>]
>>> t1_str_1 = t1.extract()
>>> t1_str_1
['“The world as we have created it is a process of our thinking. It cannot be changed without changing our thinking.”'
]
>>>
>>> t1_str_2 = t1.extract_first()
>>> t1_str_2
'“The world as we have created it is a process of our thinking. It cannot be changed without changing our thinking.”'
>>>
```

图 1-4-9　extract() 和 extract_first() 方法提取结果的区别

（3）for 循环内部的第三行代码的作用是提取 div 标签里面 class 属性为“ tags”的子 div 标签中的所有 class 为“ tag”的 a 标签的文本。因为这样的 a 标签有多个，所以最后用 extract() 方法提取，返回一个列表，所有 a 标签的文本构成该列表的元素，如图 1-4-10 所示。

```
>>> tags1 = quote1.css('.tags > .tag::text').extract()
>>> tags1
['change', 'deep-thoughts', 'thinking', 'world']
>>>
```

图 1-4-10　extract() 方法提取返回的结果

（五）使用 Item 保存数据

在爬虫中提取了数据后需要用 Item 对象来保存数据。需要声明 Item 类的实例对象，示例代码如下所示。

```
item = QuoteItem()
```

有了这个 item 对象就可以访问其中的属性，示例代码如下所示。

```
item['text'] = quote.css('.text::text').extract_first()
```

（六）构造新的 Request

有时在爬虫处理完网页数据之后，需要根据网页上的链接去发起新的请求，然后再从新的 Response 中继续解析数据。例如，网页要跳转到下一页，就可以通过下一页的 URL 来构造新的请求。

在本任务网页的底部有一个"Next"按钮（见图 1-4-1），查看它的 HTML 源码发现它是一个超链接"/page/2/"，这是一个相对链接，补充完整后应该是"http://quotes.toscrape.com/page/2/"，通过这个链接我们就可以构造下一个请求。

在构造请求时需要用到 scrapy.Request 方法，它有 url 和 callback 两个参数。url 参数就是请求的链接地址，callback 参数是回调函数，意思是当指定该回调函数的请求完成之后，获得了新的响应，引擎会将该响应作为参数传递给回调函数，回调函数进行解析或生成下一个请求。回调函数的示例代码如下所示。

```
next = response.css('.pager .next a::attr(href)').extract_first()
url = response.urljoin(next)
yield scrapy.Request(url=url, callback=self.parse)
```

代码说明如下。

（1）在网页上查找"Next"按钮源代码中的链接字符，它是超链接标签 a 的 href 属性的文本。使用"::attr(href)"获得 href 属性的值，然后用 extract_first() 提取出来。

（2）第二行代码是将提取的链接与当前请求的 URL 拼接形成完整的 URL。

（3）通过 scrapy.Request() 方法来构造一个新的请求。该方法第二个参数 callback 回调函数是 Spider 的 parse() 方法。注意不要写成 self.parse()。

(七) 运行项目

运行 Scrapy 项目有两种方式：在命令行中运行项目、执行 PyCharm 中的 Python 文件。

1. 在命令行中运行项目

开发完成后，可以在命令行窗口进入项目根文件夹下，通过以下代码运行爬虫。

```
scrapy crawl quotes
```

scrapy crawl 是命令本身，后面的 quotes 是项目中的起始爬虫的名字。

也可以在 PyCharm 的终端中运行项目。在 PyCharm 的底部单击"Terminal"标签可以切换到终端窗口，然后用上面的命令运行项目。

2. 执行 PyCharm 中的 Python 文件

在 PyCharm 中为项目添加一个 Python 文件，如"start.py"，将其放在根目录下。示例代码如下所示。

```
from scrapy import cmdline
cmdline.execute("scrapy crawl quotes".split())
```

第二行双引号中的字符串就是运行项目的命令。添加这个文件后，运行项目就可以直接右击该文件名，选择"运行"选项即可直接运行。

(八) 爬虫数据的持久存储

项目运行后，解析出来的数据都是显示在命令行窗口或 PyCharm 的终端窗口中，这些数据只能当时查看，但如果能把爬取到的数据持久保存下来，就可以随时查看数据。

Scrapy 框架提供了几个简单的命令参数来实现文件保存。在 scrapy crawl 命令后面添加 -o 选项并指定文件名就可以将爬取到的数据保存到指定文件中，示例代码如下所示。

```
# 输出 JSON 格式，默认为 Unicode 编码
scrapy crawl quotes -o quotes.json
# 输出 JSON Lines 格式，默认为 Unicode 编码
scrapy crawl quotes -o quotes.jsonl
# 输出 CSV 格式
scrapy crawl quotes -o quotes.csv
# 输出 XML 格式
scrapy crawl quotes -o quotes.xml
```

（九）使用管道 Item Pipeline

当数据被保存到 Item 类的实例对象后，Scrapy Engine 会将实例对象传送给指定的 Item Pipeline 去做后续的处理。并且在 Scrapy 项目中可以定义多个管道类，这些管道可以按照指定的顺序依次处理传送过来的实例对象。

每一个管道都是一个 Python 类，其中定义了一些操作 Item 对象的方法。管道常被用来执行以下操作。

（1）验证爬取的数据，检查爬取的字段。

（2）查重并丢弃重复的内容。

（3）将爬取的结果保存到文件或数据库中。

自定义的 Item Pipeline 类都写在 pipelines.py 中。Item Pipeline 类中必须有一个 process_item() 方法，它是 Item Pipeline 启用时调用的方法。

process_item() 方法会返回一个 Item 对象或者抛出 DropItem 异常。被丢弃的 Item 将不会被之后的 Item Pipeline 所处理。定义该方法的示例代码如下所示。

```
def process_item(self, item, spider):
    return item
```

process_item 的两个参数 item 和 spider 分别表示爬取的 item 数据和爬取该 item 的爬虫。

除了 process_item 这个必须实现的方法外，Item Pipeline 类往往还会定义 __init__(self) 方法、open_spider(self, spider) 方法和 close_spider(self, spider) 方法，它们的作用分别如下。

__init__(self)：可选的，一般用来做参数初始化工作。

open_spider(self, spider)：可选实现，当 spider 被开启时，这个方法被调用。

close_spider(self, spider)：可选实现，当 spider 被关闭时，这个方法被调用。

下面通过一个例子来说明 Item Pipeline 类的实现及如何在项目中启用它。

1. 编写 Item Pipeline 类

假如现在需要通过一个 Item Pipeline 将数据的字符编码转换为 UTF-8，并且将数据保存到 JSON

格式的文件（quotes.json）中，管道类的名字为 QuotesEncodingPipeline，示例代码如下所示。

```python
import json

class QuotesEncodingPipeline:
    def __init__(self):
        self.file = open("quotes.json", "w", encoding="utf-8")

    def process_item(self, item, spider):
        content = json.dumps(dict(item), ensure_ascii=False) + "\n"
        self.file.write(content)
        return item

    def close_spider(self, spider):
        self.file.close()
```

在该管道类中，首先在初始化方法中打开了一个名为 quotes.json 的文件，操作文件的时候指定了字符编码为"utf-8"，然后在 process_item() 方法中，将 item 写入该文件，最后在 close_spider() 方法中关闭文件。

2. 启用管道类

编写好管道类后还需要在 settings.py 中启用它才能生效，启用的示例代码如下所示。

```python
ITEM_PIPELINES = {
    "quotesproject.pipelines.QuotesEncodingPipeline": 300,
}
```

字符串"quotesproject.pipelines.QuotesEncodingPipeline"中的 3 个部分的含义分别为管道类参照项目根文件的相对路径、模块文件名、管道类名。数字 300 代表该管道的优先级，当启用了多个管道类的时候，数字可以确定各个管道的优先顺序，数字越小，优先级越高。

五、 Scrapy 与 Selenium 的结合

大部分网站如果用 requests.get() 直接请求会被站点判别为爬虫，获取不到有价值的数据。Scrapy 框架的下载器也是相当于用 requests.get() 直接请求的。如果某个站点屏蔽下载器这样的请求，那么使用 Scrapy 也得不到需要的数据，那怎么办呢？

我们在前面的任务中学习了 Selenium，知道使用它驱动浏览器完成浏览后获得的网页源码就如同用户正常访问得到的一样。那么我们是否能够将 Scrapy 爬虫项目中的下载器换成用 Selenium 驱动浏览器去请求，然后将得到的网页源码作为 Response 传递给引擎呢？答案是可以的。实现的方法就是利用 Scrapy 的下载器中间件（Downloader Middlewares）代替下载器。

自定义一个下载器中间件类，在其中利用 Selenium 提供的功能去驱动浏览器访问目标页面，等页面加载完成后就可以得到包含数据的 HTML 源码，然后用 scrapy.http.HTMLResponse() 方法将 HTML 源码封装成一个 Response 对象，交给 Spider 去处理。具体操作步骤如下。

（一）安装 Selenium 包及配置 Chrome 驱动

在本任务的前面介绍了在 PyCharm 安装 scrapy 包的方法。仿照这个安装方法，在 PyCharm 中安装 selenium 包并下载适合本机 Chrome 浏览器版本的 chromedriver.exe，将下载好的驱动放入项目的根文件夹下（也可以放入系统 path 环境变量引用的某个目录）。

（二）实现下载器中间件类

接下来，在项目中找到 middlewares.py 文件，里面应该已经有一个模板代码，类似于" class XXXSpiderMiddleware"，其中" XXX"一般是项目名。我们可以直接在这个类中修改代码，也可以通过复制粘贴这个类的代码，放到 middlewares.py 文件末尾并修改类名，然后再编辑内容。相应的管道类和下载器中间件类也可以设置多个，示例代码如下所示。

```python
from scrapy import signals
from itemadapter import is_item, ItemAdapter
from scrapy.http import HtmlResponse
import os
from selenium import webdriver
from selenium.webdriver.support.ui import WebDriverWait
from selenium.webdriver.support import expected_conditions as EC
from selenium.webdriver.common.by import By


class QuotesprojectDownloaderMiddleware:
    # 添加一个类的构造方法
    def __init__(self):
        # 获得目录下 chromedriver.exe 的绝对路径：
        drv_path = os.path.abspath(os.path.curdir) + '\\chromedriver.exe'
        self.driver = webdriver.Chrome(drv_path)          # 初始化浏览器对象
        self.wait = WebDriverWait(self.driver, 10)        # 定义延时等待对象

    @classmethod
    def from_crawler(cls, crawler):
        # This method is used by Scrapy to create your spiders.
        s = cls()
        crawler.signals.connect(s.spider_opened, signal=signals.spider_opened)
        crawler.signals.connect(s.spider_closed, signal=signals.spider_closed)
```

```
        return s

    def process_request(self, request, spider):
        self.driver.get(request.url)                     #使用浏览器打开请求的 url
        print(f' 已在浏览器中打开 {request.url}')
        #等待页面上的引言所在的 div 节点加载完成，避免未加载完程序就执行过去了
        self.wait.until(EC.presence_of_element_located((By.CSS_SELECTOR, "div.quote")))
        body = self.driver.page_source                   #获取当前网页的 HTML 源码
        #将得到的 HTML 源码封装到 Response 对象，以便 Engine 将其递交到 Spider 去处理
        return HtmlResponse(url=self.driver.current_url, body=body, encoding='utf-8',
request=request)

    def process_response(self, request, response, spider):
        return response

    def process_exception(self, request, exception, spider):
        pass

    def spider_opened(self, spider):
        spider.logger.info("Spider opened: %s" % spider.name)   #记录爬虫开启信息到日志

    def spider_closed(self, spider):
        self.driver.close()                              #关闭浏览器
        spider.logger.info("Spider closed: %s" % spider.name)   #记录爬虫关闭信息到日志
```

在 QuotesprojectDownloaderMiddleware 这个类中添加一个构造方法 __init__()，并在里面初始化一些对象。比如，先获得根目录下 chromedriver.exe 文件的绝对路径，然后用它声明一个浏览器对象，保存在属性 self.driver 中，再声明一个延时等待对象保存在属性 self.wait 中，方便后面使用。

接下来在 process_request() 方法中实现 Selenium 访问的主要工作：先打开目标 URL，再利用延时等待 class 属性为 "quote" 的 div 元素加载完成，最后将得到的 HTML 源码封装到 Response 对象，以便 Engine 将其递交给 Spider 处理。

代码中还添加了一个 spider_closed() 方法，在该方法中关闭浏览器对象，示例代码如下所示。

```
crawler.signals.connect(s.spider_closed, signal=signals.spider_closed)
```

编写好下载器中间件类后还需要在 settings.py 中启用它，示例代码如下所示。

```
DOWNLOADER_MIDDLEWARES = {
    "quotesproject.middlewares.QuotesprojectDownloaderMiddleware": 543,
}
```

六、任务实践

（一）创建项目及起始爬虫文件

请按照所学知识创建爬虫项目 quotesproject 以及起始爬虫的文件 quotes.py。

（二）明确爬取目标并自定义 QuotesItem 类

观察本任务的目标网站，我们的目标是爬取名人引言的内容（text）、作者（author）、分类标签（tags），如图 1-4-11 所示。

使用 Scrapy 框架爬取
Quotes 网站数据

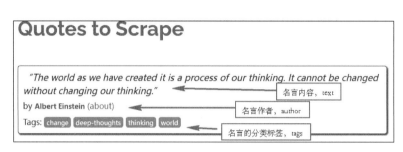

图 1-4-11　爬取目标

依据爬取的目标，我们可以在自定义的 QuotesItem 类里面定义 3 个属性用于保存这三项数据。

首先在 PyCharm 工具中打开项目，找到项目文件夹里面的 items.py 文件，然后编写如图 1-4-12 所示的代码。

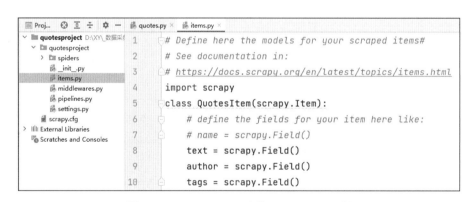

图 1-4-12　items.py 中的 QuotesItem 类

（三）实现 parse() 方法并封装数据

创建项目的时候已经用命令将起始爬虫的文件 quotes.py（在 \quotesproject\spiders\ 目录下）创建了出来。现在打开该文件，实现爬虫类中的 parse() 方法，将名人引言的数据解析出来，完成后的代码如图 1-4-13 所示。

提取出来的数据需要封装到上一步定义的 QuotesItem 类的实例对象中，图 1-4-13 中的第 11 行代码创建了该类的实例对象，第 15 ～ 17 行代码实现将各项数据保存到该对象的 3 个属性中，完成了数据的封装。最后第 18 行代码中的 yield 关键字将 parse() 函数变为了生成器。

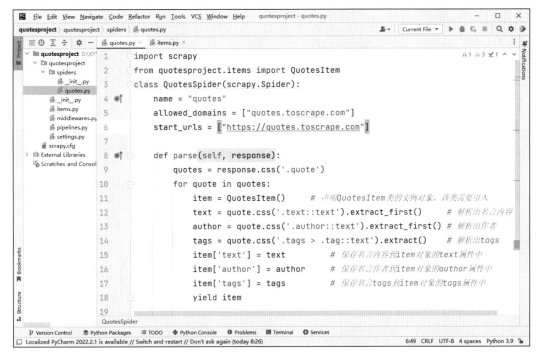

图 1-4-13 解析名人引言数据

（四）爬取下一页数据

第三步实现了从首页提取名人引言的数据。那下一页的内容该如何抓取呢？这就需要我们从当前页面中找到下一页的 URL 来生成下一个请求，然后在下一个请求的页面里找到下下页的 URL，再构造一个请求，这样循环下去就可以实现整个网站数据的爬取。

将首页拉到底部，会发现底部有一个 Next 按钮，如图 1-4-14 所示。查看它的源代码，可以发现它是一个 a 元素（超链接），此 a 元素的 href 为 "/page/2/"，这是一个相对链接，把全部链接拼接起来为 http://quotes.toscrape.com/page/2/，通过这个链接就可以构造下一个请求。

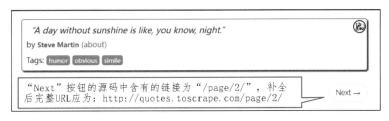

图 1-4-14 底部的 Next 按钮

构造请求时需要用到 scrapy.Request() 方法，它有 url 和 callback 两个参数。再次改写 QuotesSpider 类，改写后的示例代码如下所示。

```
import scrapy
from quotesproject.items import QuoteItem
class QuotesSpider(scrapy.Spider):
    name = "quotes"
    allowed_domains = ["quotes.toscrape.com"]
```

```
start_url = ["http://quotes.toscrape.com/"]


def parse(self, response):
    quotes = response.css('.quote')
    for quote in quotes:
        item = QuotesItem()            #声明 QuotesItem 类的实例对象，该类需要引入
        text = quote.css('.text::text').extract_first()        #解析引言内容
        author = quote.css('.author::text').extract_first()    #解析作者
        tags = quote.css('.tags > .tag::text').extract()       #解析 tags
        item['text'] = text            #保存引言内容到 item 对象的 text 属性中
        item['author'] = author        #保存引言作者到 item 对象的 author 属性中
        item['tags'] = tags            #保存引言 tags 到 item 对象的 tags 属性中
        yield item

    next = response.css('.pager > .next > a::attr("href")').extract_first()
    url = response.urljoin(next)       #用当前 URL 与 next 拼接成新的 URL
    yield scrapy.Request(url=url, callback=self.parse)
```

（五）创建启动文件 start.py

在项目根文件夹下添加名为 start.py 的 Python 文件，输入如下内容。

```
from scrapy import cmdline
cmdline.execute("scrapy crawl quotes".split())
```

（六）运行项目

选中 start.py 文件并右击，然后单击"run 'start'"选项即可启动项目。
限于篇幅，这里只展示部分运行结果，运行结果如下所示。

```
C:\Python39\python.exe D:/XY/_ 数据采集技术 /kj_code/Scrapy 框架 /quotesproject/start.py
2023-07-22 15:57:11 [scrapy.utils.log] INFO: Scrapy 2.9.0 started (bot: quotesproject)
……
2023-07-22 15:57:13 [scrapy.core.scraper] DEBUG: Scraped from <200 https://quotes.toscrape.com>
{'author': 'Albert Einstein',
 'tags': ['change', 'deep-thoughts', 'thinking', 'world'],
 'text': '"The world as we have created it is a process of our thinking. It '
         'cannot be changed without changing our thinking."'}
2023-07-22 15:57:13 [scrapy.core.scraper] DEBUG: Scraped from <200 https://quotes.toscrape.com>
{'author': 'J.K. Rowling',
```

```
  'tags': ['abilities', 'choices'],
  'text': "'It is our choices, Harry, that show what we truly are, far more '
          'than our abilities.'"}
  ......
  2023-07-22 15:57:25 [scrapy.core.scraper] DEBUG: Scraped from <200 https://quotes.toscrape.
com/page/10/>
  {'author': 'George R.R. Martin',
  'tags': ['books', 'mind'],
  'text': "'... a mind needs books as a sword needs a whetstone, if it is to keep its edge.'"}
  2023-07-22 15:57:25 [scrapy.dupefilters] DEBUG: Filtered duplicate request: <GET https://quotes.
toscrape.com/page/10/> - no more duplicates will be shown (see DUPEFILTER_DEBUG to show all
duplicates)
  2023-07-22 15:57:25 [scrapy.core.engine] INFO: Closing spider (finished)
  2023-07-22 15:57:25 [scrapy.statscollectors] INFO: Dumping Scrapy stats:
  {'downloader/request_bytes': 2889,
  ......
  'dupefilter/filtered': 1,
  'elapsed_time_seconds': 13.430855,
  'finish_reason': 'finished',
  'finish_time': datetime.datetime(2023, 7, 22, 7, 57, 25, 529215),
  'item_scraped_count': 100,
  'log_count/DEBUG': 115,
  ......
  2023-07-22 15:57:25 [scrapy.core.engine] INFO: Spider closed (finished)
```

浏览运行结果信息可以获知很多关于项目的信息。比如，提取出来的数据（本任务是名人引言）、爬虫项目的一些统计信息。上面代码中倒数第 4 行的 " 'item_scraped_count': 100," 表示提取出来的数据封装成 item 对象的数量，这里 100 表示总共爬取了 100 条名人引言数据。

当然，如果程序有问题，也会在该运行窗口中提示错误信息，可以根据提示的错误信息去更正代码，然后再重新运行。

（七）将结果保存到文件中

假设需要将结果保存到 JSON 格式的文件 quotes.json 中，可以在第六步的文件 start.py 中的命令增加 -o 参数，更改后的示例代码如下所示。

```
from scrapy import cmdline
cmdline.execute("scrapy crawl quotes -o quotes.json".split())
```

重新运行代码后，可以在项目根文件夹下发现生成了一个名为 " quotes.json " 的新文件，这就是保存的数据结果。打开该文件，效果如图 1-4-15 所示。

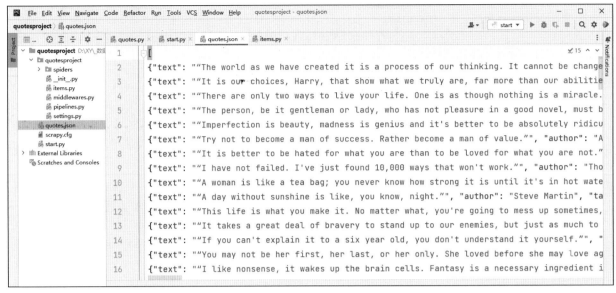

图 1-4-15　保存到 JSON 格式文件的效果

大家还可以参考"爬虫数据的持久存储"的内容将 start.py 中的命令字符串修改成其他的参数，分别保存为 CSV 或 XML 格式的文件。

（八）使用 Item Pipeline 处理数据

本任务要求将爬取到的名人引言数据分别保存到 MySQL 数据库和 CSV 文件中。为了实现这两个保存要求，我们可以分别定义两个 Item Pipeline 类。

首先实现保存数据到 MySQL 数据库的 Item Pipeline 类 QuotesSaveToMysqlPipeline。

先假定已经在 MySQL 中创建好了数据库 quotesdb，它里面有数据表 quotes，其结构如图 1-4-16 所示。其中，id 字段为自动递增字段，并设置为主键；text 字段的数据类型设置为 longtext，以便容纳更多文本内容。

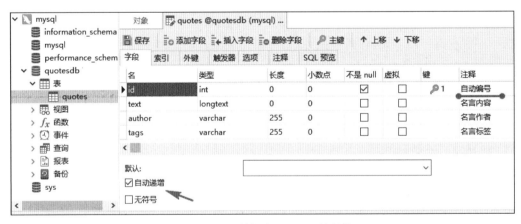

图 1-4-16　数据表 quotes 的结构

QuotesSaveToMysqlPipeline 类的示例代码如下所示。

```python
import pymysql                          # 导入操作 MySQL 的模块
class QuotesSaveToMysqlPipeline:
    def __init__(self):
```

```
            self.host = '127.0.0.1'              # MySQL 服务器的 IP
            self.db = 'quotesdb'                  # 数据库名
            self.username = 'root'                # 数据库用户名
            self.psw = 'root123'                  # 密码
            self.port = 3306                      # 端口
            self.sqlcmd = 'insert into quotes(text, author, tags) values(%s, %s, %s)' # 插入的 SQL 命令
            self.db = pymysql.connect(host=self.host, user=self.username,
                        password=self.psw, port=self.port, db=self.db)  # 创建数据库连接
            self.cursor = self.db.cursor()        # 获得操作数据库的 cursor


        def process_item(self, item, spider):
            try:
    # execute() 方法执行 sql 命令。第 1 个参数是 sql 命令，第 2 个参数是由写入数据构成的元组
                self.cursor.execute(self.sqlcmd, (item['text'], item['author'], str(item['tags'])))
                self.db.commit()                  # 提交到数据库
            except Exception as e:
                self.db.rollback()
                print(f' 未能写入的 item: {item["author"]}')
                print(f' 异常为：{e}')
            finally:
                return item                       # 每个 process_item 方法必须返回 item


        def close_spider(self, spider):
            self.db.close()                       # 结束爬虫时关闭数据库的连接
```

接下来实现将 item 保存成一个 CSV 文件的管道类 QuotesSaveToCSVPipeline。假设保存 item 的文件名为 quotes.csv。示例代码如下所示。

```
class QuotesSaveToCSVPipeline:
    def __init__(self):
        # 声明一个属性 csvfile，保存以写入方式打开的 csv 文件，注意第 3、4 两个参数的使用
        self.csvfile = open('quotes.csv', 'w', encoding='utf-8-sig', newline='')
        self.fieldnames = ['text', 'author', 'tags']       # 定义表头
        # 获得以字典方式写入数据的对象 writer
        self.writer = csv.DictWriter(self.csvfile, fieldnames=self.fieldnames)
        self.writer.writeheader()                          # 写入表头


    def process_item(self, item, spider):
        self.writer.writerow(dict(item))                   # 写入数据（需要将 item 转换为字典类型）
```

```
        return item

    def close_spider(self, spider):
        self.csvfile.close()
```

最后，我们需要在 settings.py 文件中启用这两个管道类，还可以通过设置决定处理 item 数据的顺序。示例代码如下所示。

```
# Configure item pipelines
ITEM_PIPELINES = {
    "quotesproject.pipelines.QuotesSaveToMysqlPipeline": 302,
    "quotesproject.pipelines.QuotesSaveToCSVPipeline": 299,
}
```

很明显，以上的代码反映了 item 是先经过 QuotesSaveToCSVPipeline 这个管道类的处理，然后再被 QuotesSaveToMysqlPipeline 这个管道类处理。

再次启动项目，等待项目运行完成后，去项目根文件夹下查看 quotes.csv 文件，发现有 100 条数据，其中部分数据如图 1-4-17 所示。去 MySQL 中查看 quotes 表中的数据，显示有 100 条记录，如图 1-4-18 所示。

	A	B	C	D	E
1	text	author	tags		
2	"The world as we have cre	Albert Einstein	['change', 'deep-thoughts', 'thinking', 'world']		
3	"It is our choices, Harry	J.K. Rowling	['abilities', 'choices']		
4	"There are only two ways	Albert Einstein	['inspirational', 'life', 'live', 'miracle', 'miracles']		
5	"The person, be it gentle	Jane Austen	['aliteracy', 'books', 'classic', 'humor']		
6	"Imperfection is beauty,	Marilyn Monroe	['be-yourself', 'inspirational']		
7	"Try not to become a man	Albert Einstein	['adulthood', 'success', 'value']		
8	"It is better to be hated	André Gide	['life', 'love']		
9	"I have not failed. I've	Thomas A. Edison	['edison', 'failure', 'inspirational', 'paraphrased']		
10	"A woman is like a tea ba	Eleanor Roosevelt	['misattributed-eleanor-roosevelt']		
11	"A day without sunshine i	Steve Martin	['humor', 'obvious', 'simile']		

图 1-4-17　quotes.csv 中的部分数据

图 1-4-18　MySQL 中 quotes 表的记录

到此，我们就实现了本任务的所有目标。

巩/固/与/提/高

1. 假设现在需要增加一个管道类 QuotesTextPipeline，用于截取长度大于 50 的 text 数据的前 50 个字符，然后跟字符串 "..." 拼接起来作为新的 text 内容，最后将新的 text、author、tags 写入 quotes2.csv 文件中。请编程实现 QuotesTextPipeline 类。

2. 将本任务中的项目 quotesproject 更改为用 Selenium 驱动浏览器访问目标网页，然后解析浏览器中页面的 HTML 源码。

在线测试 4

项目总结

在本项目中，我们首先在任务一中学习了关于网络爬虫的概念和基本原理，学习了在 Python 中通过 urllib 或 requests 库实现请求以及获得响应中包含的网页 HTML 源码；在任务二中学习了 4 种数据解析方式，分别是使用正则表达式解析、使用 BeautifulSoup 解析数据、使用 XPath 解析数据、使用 PyQuery 解析数据；在任务三中学习了如何采集动态渲染网页的数据、如何利用 Selenium 编程驱动浏览器访问站点实现可见即可爬的方法；在任务四中学习了基于 Scrapy 框架开发爬虫的知识。

经过项目一的学习，可以对网络数据采集有一个基本的了解，开发爬虫的基础技能也得到了训练，为以后对相关内容的深入学习打下了坚实的基础。

项目二

分布式消息系统 Kafka

项目导航

知识目标

① 掌握 JDK 的配置安装。

② 掌握 ZooKeeper 的配置安装。

③ 了解 Kafka 概念和基本原理。

④ 掌握 Kafka 的命令行和 API 的使用。

技能目标

① 能掌握 Kafka 的概念、基本结构和应用场景。

② 能够完成 Kafka 集群及前置环境的配置安装。

③ 熟练使用 Kafka 命令行和 API 完成创建主题、生产者等操作。

④ 能够使用 Kafka Streams 开发流数据处理程序。

素养目标

① 培养耐心、细致的学习习惯。

② 培养勤于动脑、举一反三的能力。

③ 培养善于思考、归纳总结问题的能力。

④ 理解生产者、消费者模型，从而领悟其中的协作精神。

项目描述

　　Kafka 是由 Apache 软件基金会开发的一个开源的流处理平台，由 Scala 和 Java 语言编写，是一个基于 ZooKeeper 系统的分布式发布订阅消息系统。Kafka 的设计初衷是为实时数据提供一个统一、高通量、低等待的消息传递平台。在本项目中我们将通过三个任务来学习与 Kafka 相关的内容。

任务一　JDK和ZooKeeper配置安装

Kafka 运行过程中需要向 ZooKeeper 注册，所以需要预安装 ZooKeeper，本项目使用三台服务器搭建一个 ZooKeeper 集群，为使主从模式保持一致性，设置其中一个节点为 Leader，另外两个节点为 Follower。

案例导入

本案例主要进行 JDK、ZooKeeper 环境部署，软件安装架构分布情况如表 2-1-1 所示。

表 2-1-1　软件安装架构分布情况

Linux 服务器	node01	node02	node03
软件	JDK、ZooKeeper	JDK、ZooKeeper	JDK、ZooKeeper
版本	JDK 1.8、ZooKeeper 3.4.9		
下载地址	https://www.oracle.com/java/technologies/downloads/#java8　https://archive.apache.org/dist/zookeeper/zookeeper-3.4.9/		

部署完成后，我们在三个节点上分别查看服务状态，可以看到 Java 版本号、已启动的 ZooKeeper 进程以及 ZooKeeper 的状态，node01 服务器上的信息如图 2-1-1 所示。

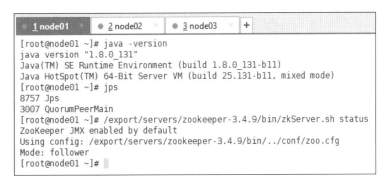

图 2-1-1　node01 服务器上的信息

任务导航

本任务主要是熟悉 Linux 的常用操作命令，在熟练使用 Linux 系统的基础上进行 JDK 和 ZooKeeper 软件的安装，为后续 kafka 的部署奠定基础。下面让我们根据知识框架一起开始学习吧！

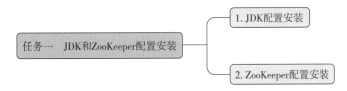

一、 JDK 配置安装

（1）下载和上传 JDK。在 Oracle 官网将 JDK 1.8 的压缩包下载到本地，然后上传到 node01 服务器。

（2）查看自带的 openjdk 并卸载。示例命令如下所示。

```
rpm -qa | grep java
rpm -e java-1.6.0-openjdk-1.6.0.41-1.13.13.1.el6_8.x86_64 tzdata-java-2016j-1.el6.noarch java-1.7.0-openjdk-1.7.0.131-2.6.9.0.el6_8.x86_64 --nodeps
```

（3）创建软件安装目录。示例命令如下所示。

```
# 软件包存放目录
mkdir -p /export/softwares
# 安装目录
mkdir -p /export/servers
```

（4）上传并解压安装包。示例命令如下所示。

```
tar -zxvf jdk-8u141-linux-x64.tar.gz -C ../servers/
```

（5）打开设置环境变量的文件。示例命令如下所示。

```
vim /etc/profile
```

然后在文件末尾添加如下命令。

```
export JAVA_HOME=/export/servers/jdk1.8.0_141
export PATH=:$JAVA_HOME/bin:$PATH
```

修改完成之后记得使用 source 命令让配置的环境变量生效。示例命令如下所示。

```
source /etc/profile
```

（6）分发安装包到 node02、node03 服务器。示例命令如下所示。

```
cd /export/servers/jdk1.8.0_141
scp -r jdk1.8.0_141 node02:$PWD
scp -r jdk1.8.0_141 node03:$PWD
scp /etc/profile node02:/etc
scp /etc/profile node03:/etc
```

（7）在 node02 和 node03 上重新加载环境变量。示例命令如下所示。

```
source /etc/profile
```

二、 ZooKeeper 配置安装

（1）ZooKeeper 集群规划（见表 2-1-2）。

表 2-1-2 ZooKeeper 集群规划

服务器 IP	主机名	myid
192.168.23.100	node01	1
192.168.23.110	node02	2
192.168.23.120	node03	3

（2）下载 ZooKeeper。ZooKeeper 的下载网址如下所示。

```
# 下载的 ZooKeeper 版本为 3.4.9，下载完成之后，保存路径为 /export/softwares
http://archive.apache.org/dist/zookeeper/
```

（3）解压缩。示例命令如下所示。

```
cd /export/software
tar –zxvf zookeeper-3.4.9.tar.gz –C ../servers/
```

（4）修改配置文件。
① node01 节点环境准备，示例命令如下所示。

```
cd /export/servers/zookeeper-3.4.9/conf/
cp zoo_sample.cfg zoo.cfg
mkdir –p /export/servers/zookeeper-3.4.9/zkdatas/
```

② 在 node01 节点上编辑 ZooKeeper 的配置文件，文件内容如下所示。

```
dataDir=/export/servers/zookeeper-3.4.9/zkdatas
# 保留多少个快照
autopurge.snapRetainCount=3
# 日志多少小时清理一次
autopurge.purgeInterval=1
# 集群中服务器地址
server.1=node01:2888:3888
server.2=node02:2888:3888
server.3=node03:2888:3888
```

③ 在 node01 节点上创建 myid 文件并写入数据。示例命令如下所示。

```
# 编辑 myid 文件
echo 1 > /export/servers/zookeeper-3.4.9/zkdatas/myid
```

（5）分发安装包并修改 myid 的值。示例命令如下所示。

```
# 安装包分发到其他服务器，在node01节点执行以下两条命令
scp -r /export/servers/zookeeper-3.4.9/ node02:/export/servers/
scp -r /export/servers/zookeeper-3.4.9/ node03:/export/servers/
#node02 节点修改 myid 的值为 2
echo 2 > /export/servers/zookeeper-3.4.9/zkdatas/myid
#node03 节点修改 myid 的值为 3
echo 3 > /export/servers/zookeeper-3.4.9/zkdatas/myid
```

（6）启动 ZooKeeper 服务。在三个节点上分别运行以下命令启动 ZooKeeper 服务。示例命令如下所示。

```
# 启动 ZooKeeper 服务
/export/servers/zookeeper-3.4.9/bin/zkServer.sh start
# 查看启动状态
/export/servers/zookeeper-3.4.9/bin/zkServer.sh status
```

三、 任务实践

JDK 和 ZooKeeper
配置安装

（1）安装完成后分别在 node01、node02、node03 服务器上输入"java -version"查看 Java 是否安装成功。这里以 node01 服务器为例，示例命令和输出结果如下所示。

```
[root@node01 ~ ]# java -version
java version "1.8.0_141"
Java(TM) SE Runtime Environment (build 1.8.0_141-b15)
Java HotSpot(TM) 64-Bit Server VM (build 25.141-b15, mixed mode)
```

（2）查看 ZooKeeper 状态。
①在 node01 节点执行以下命令。

```
[root@node01 bin]# ./zkServer.sh status
ZooKeeper JMX enabled by default
Using config: /export/servers/zookeeper-3.4.9/bin/../conf/zoo.cfg
Mode: follower
```

②在 node02 节点执行以下命令。

```
[root@node02 bin]# ./zkServer.sh status
ZooKeeper JMX enabled by default
Using config: /export/servers/zookeeper-3.4.9/bin/../conf/zoo.cfg
```

```
Mode: leader
```

③在 node03 节点执行以下命令。

```
[root@node03 bin]# ./zkServer.sh status
ZooKeeper JMX enabled by default
Using config: /export/servers/zookeeper-3.4.9/bin/../conf/zoo.cfg
Mode: follower
```

———————————— 巩/固/与/提/高 ————————————

　　安装 JDK 和 ZooKeeper 之后，执行检查命令验证是否安装成功，如果不执行检查命令，是否会影响后续步骤的进行？

在线测试 5

任务二　Kafka集群配置安装

在 JDK 和 ZooKeeper 环境已部署好的基础上，部署分布式消息系统 Kafka。

案例导入

本案例主要进行 Kafka 集群环境的搭建，采用三台 Linux 服务器，分别命名为 node01、node02、node03。然后下载 Kafka 安装包，进行解压、配置、启动 Kafka 服务，最终检查三台服务器的 Kafka 运行进程，如图 2-2-1 所示。

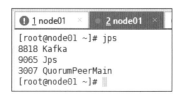

```
❶ 1 node01      ×    ● 2 node01    ×
[root@node01 ~]# jps
8818 Kafka
9065 Jps
3007 QuorumPeerMain
[root@node01 ~]#
```

图 2-2-1　Kafka 进程

任务导航

本任务主要是在任务一的基础上对 Kafka 进行解压、配置、运行。需要对解压命令以及 Linux 系统常用命令做到熟练使用。下面让我们根据知识框架一起开始学习吧！

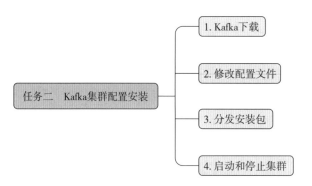

```
                                    ┌─ 1. Kafka 下载
                                    │
                                    ├─ 2. 修改配置文件
  任务二　Kafka集群配置安装 ─────────┤
                                    ├─ 3. 分发安装包
                                    │
                                    └─ 4. 启动和停止集群
```

一、Kafka 下载

（1）Kafka 的下载地址如下所示。

http://archive.apache.org/dist/kafka/0.10.0.0/kafka_2.11-0.10.0.0.tgz

（2）上传到 Linux 服务器并解压。将下载好的安装包上传到 node01 服务器的 /export/softwares 路径下，然后进行解压。在 node01 节点执行以下命令解压安装包。

```
cd /export/softwares
tar -zxvf kafka_2.11-0.10.0.0.tgz -C /export/servers/
```

二、修改配置文件

（1）在 node01 节点上切换目录到 Kafka 的配置文件目录，修改配置文件，示例配置文件内容如下所示。

```
#broker 的全局唯一编号，不能重复
broker.id=0
listeners=PLAINTEXT://node01:9092
num.network.threads=3
num.io.threads=8
socket.send.buffer.bytes=102400
socket.receive.buffer.bytes=102400
socket.request.max.bytes=104857600
# 日志存放路径
log.dirs=/export/servers/kafka_2.11-0.10.0.0/logs
num.partitions=2
num.recovery.threads.per.data.dir=1
offsets.topic.replication.factor=1
transaction.state.log.replication.factor=1
transaction.state.log.min.isr=1
log.flush.interval.messages=10000
log.flush.interval.ms=1000
log.retention.hours=168
log.segment.bytes=1073741824
log.retention.check.interval.ms=300000
# broker 使用 ZooKeeper 保存 meta 数据
zookeeper.connect=node01:2181,node02:2181,node03:2181
zookeeper.connection.timeout.ms=6000
group.initial.rebalance.delay.ms=0
# 删除 topic
delete.topic.enable=true
# 本机主机名
host.name=node01
```

（2）在 node01 节点执行以下命令创建日志存放目录。

```
mkdir -p  /export/servers/kafka_2.11-0.10.0.0/logs
```

三、 分发安装包

（1）分发安装包到 node02 和 node03 节点，示例命令如下所示。

```
cd /export/servers/
scp -r kafka_2.11-0.10.0.0/ node02:$PWD
scp -r kafka_2.11-0.10.0.0/ node03:$PWD
```

（2）在 node02 节点与 node03 节点修改 Kafka 配置文件。

①在 node02 节点使用 vim 命令修改 kafka 配置文件 server.properties。

```
# vim /export/servers/kafka_2.11-0.10.0.0/config/server.properties
```

示例配置文件内容如下所示。

```
borker.id=1
listeners=PLAINTEXT://node02:9092
host.name=node02
```

②在 node03 节点使用 vim 命令修改 Kafka 配置文件 server.properties。

```
#vim /export/servers/kafka_2.11-0.10.0.0/config/server.properties
```

示例配置文件内容如下所示。

```
borker.id=2
listeners=PLAINTEXT://node03:9092
host.name=node03
```

四、 启动和停止集群

（1）前台启动，关闭 Shell 窗口后 Kafka 进程结束，示例命令如下所示。

```
cd /export/servers/kafka_2.11-0.10.0.0
bin/kafka-server-start.sh config/server.properties
```

（2）后台启动，在当前目录下以标准日志输出流启动，示例命令如下所示。

```
cd /export/servers/kafka_2.11-0.10.0.0
nohup bin/kafka-server-start.sh config/server.properties 2>&1 &
```

（3）停止服务，示例命令如下所示。

```
cd /export/servers/kafka_2.11-0.10.0.0
bin/kafka-server-stop.sh
```

五、 任务实践

完成 Kafka 安装部署后，使用启动命令在三个节点服务器上分别启动 Kafka 进程，启动后再分别输入 jps 查看 Kafka 进程。这里以 node01 服务器为例，示例命令和输出结果如下所示。

```
[root@node01 kafka_2.11-0.10.0.0]# jps
21224 Kafka
```

```
20219 QuorumPeerMain
21468 Jps
```

Kafka 集群配置安装

────────── 巩/固/与/提/高 ──────────

为什么 Kafka 集群的配置安装必须要先部署 JDK 和 ZooKeeper 环境?

在线测试 6

任务三　Kafka基本原理的掌握和使用

案例导入

通过前面的学习，我们安装部署了 Kafka 集群，接下来我们系统地学习 Kafka 的基本原理，并结合 Kafka 命令行、Kafka Streams 框架实现一个单词计数的案例。通过在命令行中启动生产者端和消费者端，由生产者端输入若干个单词，经过 Kafka Streams 中的 Java 代码处理后，计算各单词的数量，并在消费者端访问该数据，其效果如图 2-3-1 所示。

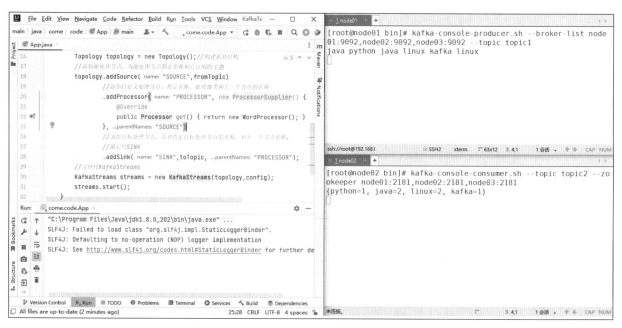

图 2-3-1　Kafka Streams 单词计数案例效果

任务导航

本任务主要是在任务一和任务二的基础上学习 Kafka 的概念、基本原理、命令行操作、Java API，以及 Kafka Streams 框架，并实现一个单词计数的案例。下面让我们根据知识框架一起开始学习吧！

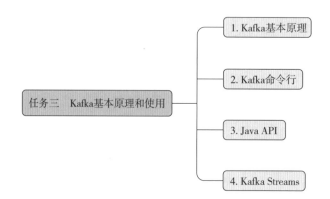

一、 Kafka 基本原理

（一）什么是 Kafka

要理解什么是 Kafka，我们首先应该了解什么是消息系统。消息系统负责将数据从一个应用传递到另外一个应用，在这个过程中应用只关注数据，无需关注数据在两个或多个应用间是如何传递的。分布式消息传递基于可靠的消息队列，在客户端应用和消息系统之间异步传递消息。消息传递的模式主要有两种：点对点传递模式和发布–订阅模式。大部分的消息系统选用发布–订阅模式。Kafka 就是一种发布–订阅模式的消息系统，Kafka 的图标如图 2-3-2 所示。

图 2-3-2 Kafka 图标

在点对点消息系统中，消息被持久化到一个队列中。此时，会有一个或多个消费者去消费队列中的数据。但是一条消息只能被消费一次。当一个消费者消费了队列中的某条数据之后，该条数据就会从消息队列中删除。点对点消费模式即使有多个消费者同时消费数据，也能保证数据处理的顺序，这种模式的结构如图 2-3-3 所示。

图 2-3-3 点对点消费模式结构

在发布–订阅消息系统中，消息被持久化到一个主题（Topic）中。与点对点消息系统不同的是，消费者可以订阅一个或多个主题，消费者可以消费该主题中所有的数据，同一条数据可以被多个消费者消费，数据被消费后不会立马删除。在发布–订阅模式中，消息的生产者称为发布者，消息的消费者称为订阅者。该模式的结构如图 2-3-4 所示。

图 2-3-4 发布 – 订阅模式结构

Kafka 是一个基于 ZooKeeper 系统的分布式发布 – 订阅消息系统，该项目的设计初衷是为实时数据提供一个统一、高通量、低等待的消息传递平台。

（二）Kafka 适用场景

日志收集：可以用 Kafka 收集各种服务的日志（log），通过 Kafka 以统一接口服务的方式供各种消费者（Consumer）使用，如 Hadoop、Hbase、Solr 等。

消息系统：实现解耦、削峰和缓存。

用户活动跟踪：Kafka 经常被用来记录 Web 用户或者 App 用户的各种活动信息，如浏览网页、搜索、单击等，这些活动信息被各个服务器发布到 Kafka 的主题中，然后订阅者通过订阅这些主题来做实时的监控分析，或者装载到 Hadoop、数据仓库中做离线分析和挖掘。

运营指标：Kafka 也经常被用来记录运营监控数据，包括收集各种分布式应用的数据，生产各种操作的集中反馈，进行预警和报告。

（三）Kafka 核心组件

在学习使用 Kafka 之前，有必要了解 Kafka 组件结构。图 2-3-5 展示了 Kafka 的组件结构及各组件之间的关系。

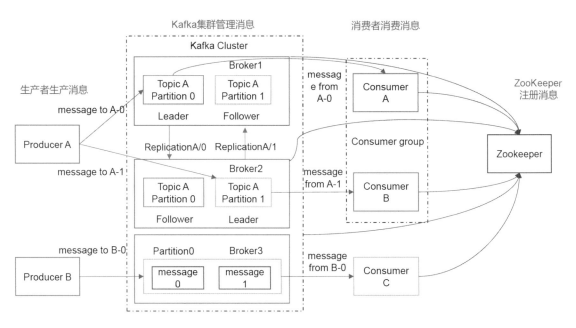

图 2-3-5　Kafka 组件结构及各组件关系

表 2-3-1 对 Kafka 组件及相关术语进行了说明。

表 2-3-1　Kafka 组件及相关术语说明

组件名称	说明
Broker（消息代理）	消息中间件处理节点，一个 Kafka 节点就是一个 Broker，多个 Broker 可以组成 Kafka 集群
Topic（主题）	特定类别消息流称为主题，数据存在主题中，主题被拆分成分区
Producer（生产者）	消息生产者，向 Broker 发送消息的客户端
Consumer（消费者）	消息消费者，从 Broker 读取消息的客户端
ConsumerGroup（消费组）	每个 Consumer 属于一个特定的 ConsumerGroup，一条消息可以被多个不同的 ConsumerGroup 消费，但是一个 ConsumerGroup 中只有一个 Consumer 能够消费该消息
Partition（分区）	物理上的概念，一个 Topic 可以分为多个 Partition，每个 Partition 内部的消息都是有序的

Kafka 集群是由生产者（Producer）、消息代理服务器（Broker Server）、消费者（Consumer）组成的。

发布到 Kafka 集群的每条消息都有一个主题（Topic），不同种类的数据可以设置为不同的主题，而一个主题会有多个消息的订阅者，当生产者发布消息到某个主题时，订阅这个主题的消费者都可以接收到消息。

二、Kafka 命令行

命令行操作是 kafka 集群的基本使用方式，生产者和消费者相互通信是通过主题来实现的，所以我们使用 Kafka 需要先创建一个主题。

（一）创建主题

创建一个名为 test 的主题，该主题有三个分区、两个副本，示例命令如下所示。

```
# 在 node01 上执行以下命令创建主题
cd /export/servers/kafka_2.11-0.10.0.0
bin/kafka-topics.sh --create --zookeeper node01:2181,node02:2181,node03:2181 --replication-factor 2 -- partitions 3 --topic test
```

（二）查看主题命令

查看 Kafka 当中存在的主题，示例命令如下所示。

```
# 在 node01 上执行以下命令来查看 Kafka 当中存在的主题
cd /export/servers/kafka_2.11-0.10.0.0
bin/kafka-topics.sh --list --zookeeper node01:2181,node02:2181,node03:2181
```

（三）生产者生产数据

模拟生产者生产数据，示例命令如下所示。

```
# 在 node01 上执行以下命令来模拟生产者生产数据
cd /export/servers/kafka_2.11-0.10.0.0
bin/kafka-console-producer.sh --broker-list node01:9092,node02:9092,node03:9092 --topic test
```

（四）消费者消费数据

模拟消费者消费数据，示例命令如下所示。

```
# 在 node02 上执行以下命令来模拟消费者消费数据
cd /export/servers/kafka_2.11-0.10.0.0
bin/kafka-console-consumer.sh --from-beginning --topic test--zookeeper node01:2181,node02:2181,node03:2181
```

（五）查看主题相关信息

在 node01 上查看主题的相关信息，示例命令如下所示。

```
cd /export/servers/kafka_2.11-0.10.0.0
bin/kafka-topics.sh --describe --zookeeper node01:2181 --topic test
```

（六）修改主题属性

1. 增加主题分区数

在任意 Kafka 节点服务器上执行命令都可以增加主题分区数，示例命令如下所示。

```
cd /export/servers/kafka_2.11-0.10.0.0
bin/kafka-topics.sh --zookeeper zkhost:port --alter --topic topicName --partitions 8
```

2. 增加配置

在任意 Kafka 节点服务器上执行命令都可以动态增加配置，示例命令如下所示。

```
cd /export/servers/kafka_2.11-0.10.0.0
bin/kafka-topics.sh --zookeeper node01:2181 --alter --topic test --config flush.messages=1
```

3. 删除配置

在任意 Kafka 节点服务器上执行命令可以动态删除配置，示例命令如下所示。

```
cd /export/servers/kafka_2.11-0.10.0.0
bin/kafka-topics.sh --zookeeper node01:2181 --alter --topic test --delete-config flush.
messages
```

4. 删除主题

删除主题在默认情况下只是打上一个删除的标记，在重新启动 Kafka 后才能删除。如果需要立即删除，则需要做如下配置。

```
# 编辑 server.propertes，修改 delete.topic.enable 参数为 true
delete.topic.enable=true
# 删除 topic 的命令
kafka-topics.sh --zookeeper zkhost:port --delete --topic topicName
```

（七）实战练习

掌握了 Kafka 的基本命令后，我们来完成一个小的实战练习。

（1）在 node01 节点服务器上创建主题 xuanyuanTopic，示例命令如下所示。

```
cd /export/servers/kafka_2.11-0.10.0.0
```

```
bin/kafka-topics.sh --create --zookeeper node01:2181,node02:2181,node03:2181 --replication-
factor 2 --partitions 3 --topic xuanyuanTopic
Created topic "xuanyuanTopic".
```

（2）在 node02 节点服务器上生产消息"hello,kafka"，示例命令如下所示。

```
[root@node02 kafka_2.11-0.10.0.0]# /export/servers/kafka_2.11-0.10.0.0/bin/kafka-console-
producer.sh --broker-list node01:9092,node02:9092,node03:9092 --topic xuanyuanTopic
hello,kafka
```

（3）在 node03 节点服务器上查看消息，消费消息数据，示例命令如下所示。

```
[root@node03 kafka_2.11-0.10.0.0]# /export/servers/kafka_2.11-0.10.0.0/bin/kafka-console-consumer.
sh --from-beginning --topic xuanyuanTopic --zookeeper node01:2181,node02:2181,node03:2181
hello,kafka
```

三、Java API

用户不仅能通过命令行的形式操作 Kafka 服务，还能通过编程语言接口操作 Kafka 服务。开发者在开发独立项目时，可以调用 Kafka 的 API 来操作 Kafka 集群。接下来通过实例的方式，分步骤学习在 Java 中使用 Kafka。

（一）添加 Kafka 的 Maven 依赖

添加 Kafka 的 Maven 依赖，示例代码如下所示。

```
<dependencies>
    <dependency>
        <groupId>org.apache.kafka</groupId>
        <artifactId>kafka-clients</artifactId>
        <version> 0.10.0.0</version>
    </dependency>
    <dependency>
        <groupId>org.apache.kafka</groupId>
        <artifactId>kafka-streams</artifactId>
        <version>0.10.0.0</version>
    </dependency>
</dependencies>


<build>
    <plugins>
```

```
<!-- Java 编译插件 -->
<plugin>
    <groupId>org.apache.maven.plugins</groupId>
    <artifactId>maven-compiler-plugin</artifactId>
    <version>3.2</version>
    <configuration>
        <source>1.8</source>
        <target>1.8</target>
        <encoding>UTF-8</encoding>
    </configuration>
</plugin>
    </plugins>
</build>
```

(二) 编写生产者代码

编写生产者代码并运行，实现生产消息数据并将数据发送到 Kafka 集群，示例代码如下所示。

```
public class MessageProducer {
    public static void main(String[] args) throws Exception {
        Properties props = new Properties();
        props.put("bootstrap.servers", "192.168.23.100:9092");
        props.put("acks", "all");
        props.put("retries", 0);
        props.put("batch.size", 16384);
        props.put("linger.ms", 1);
        props.put("buffer.memory", 33554432);
        props.put("key.serializer","org.apache.kafka.common.serialization.StringSerializer");
        props.put("value.serializer","org.apache.kafka.common.serialization.StringSerializer");
        KafkaProducer<String, String> kafkaProducer = new KafkaProducer<String, String>
(props);
        for (int i = 1; i < 101; i++) {
            // 发送数据，需要新建一个 ProducerRecord 对象，要指定参数主题 topic 和要发送的
数据 value
            kafkaProducer.send(new ProducerRecord<String, String>("xuanyuanTopic", "hello,
kafka！"+i));
            Thread.sleep(100);
        }
    }
}
```

（三）编写消费者代码

启动生产者后，消息数据就被发送到 Kafka 集群，接下来编写消费者代码，用来消费集群中对应主题的数据，示例代码如下所示。

```java
public class MessageConsumer {
public static void main(String[] args) {
    // 1.连接集群
    Properties props = new Properties();
    props.put("bootstrap.servers", "192.168.23.100:9092");
    props.put("group.id", "test");
    // 消费者自动提交 offset 值
    props.put("enable.auto.commit", "true"); props.put("auto.commit.interval.ms", "1000");
    props.put("key.deserializer", "org.apache.kafka.common.serialization.StringDeserializer");
    props.put("value.deserializer", "org.apache.kafka.common.serialization.StringDeserializer");
    KafkaConsumer<String, String>kafkaConsumer = new KafkaConsumer<String, String>(props);
    // 2.发送数据，发送数据时需要订阅要消费的主题
    kafkaConsumer.subscribe(Arrays.asList("xuanyuanTopic"));
    while (true) {
        ConsumerRecords<String, String>consumerRecords = kafkaConsumer.poll(100);
        for (ConsumerRecord<String, String> record : consumerRecords) {
            System.out.println(" 消费的数据为： " + record.value());
        }
    }
}
}
```

四、 Kafka Streams

Kafka 在 0.10 版本推出了 Stream API，提供了对存储在 Kafka 内的数据进行流式处理和分析的能力。Kafka Streams 是一套处理分析 Kafka 中存储数据的客户端类库，处理完的数据可以存入 Kafka 或者写入外部存储系统，Kafka Streams 可以便捷地嵌入应用程序中，直接提供接口供开发者调用。

在流式计算框架的模型中，通常需要构建数据流的拓扑结构，如生产数据源、数据处理器以及处理完发送的目标节点。Kafka 流处理框架同样遵从此流程，流式计算拓扑如图 2-3-6 所示。

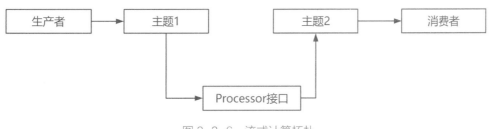

图 2-3-6 流式计算拓扑

生产者作为数据源不断地生产消息发送至 Kafka 集群的某个主题，然后 Kafka 通过自定义处理器对每条消息根据不同逻辑执行相应的计算，最后将结果发送至消费主题提供给消费者消费。

五、 任务实践

接下来，我们分步骤使用 Kafka Streams 实现单词计数的案例。

（一）添加依赖

添加依赖，示例代码如下所示。

```xml
<dependency>
    <groupId>org.apache.kafka</groupId>
    <artifactId>kafka-streams</artifactId>
    <version>2.0.0</version>
</dependency>
```

Kafka 基本原理的掌握和使用

（二）编写 Processor 类

编写一个类，实现 Kafka Streams 中的 Processor 接口，该类中主要定义了 3 个方法，其中 init() 方法的作用是初始化上下文对象，process() 方法为数据处理方法，每次接收一条新的消息都会调用该方法进行处理。close() 方法用于关闭处理器、回收资源。示例代码如下所示。

```java
import org.apache.kafka.streams.processor.Processor;
import org.apache.kafka.streams.processor.ProcessorContext;
import java.util.HashMap;
public class WordProcessor implements Processor<byte[],byte[]> {
    // 上下文对象
    private ProcessorContextprocessorContext;
    @Override
    public void init(ProcessorContextprocessorContext) {
        // 初始化方法
        this.processorContext=processorContext;
    }
    @Override
    public void process(byte[] key, byte[] value) {
        String input = new String(value);        // 处理一条消息
        HashMap<String,Integer> map = new HashMap<String,Integer>();
        int times = 1;
        if(input.contains("")){
```

```
            String [] words = input.split("");        // 拆分字符串
            for (String word : words){
                if(map.containsKey(word)){
                    map.put(word,map.get(word)+1);
                }else{
                    map.put(word,times);
                }
            }
        }
        input = map.toString();
        processorContext.forward(key,input.getBytes());
                        }
    @Override
    public void close() {}
}
```

在以上代码中，每次接收新的消息都会调用 process() 方法对数据进行处理，处理完后调用 forward() 方法将消息数据转发给拓扑中的下一个执行步骤。

（三）编写 App 类

编写一个运行主程序的 App 类，用来测试我们的数据处理程序。示例代码如下所示。

```
import org.apache.kafka.streams.KafkaStreams;
import org.apache.kafka.streams.StreamsConfig;
import org.apache.kafka.streams.Topology;
import org.apache.kafka.streams.processor.Processor;
import org.apache.kafka.streams.processor.ProcessorSupplier;
import java.util.Properties;


public class App {
    public static void main(String[] args) {
        String fromTopic = "topic1";            // 声明来源主题
        String toTopic = "topic2";              // 声明目标主题
        Properties props = new Properties();    // 设置参数
        props.put(StreamsConfig.APPLICATION_ID_CONFIG,"logProcessor");
        props.put(StreamsConfig.BOOTSTRAP_SERVERS_CONFIG,"node01:9092,node02:9092,node03:
9092");
        StreamsConfig config = new StreamsConfig(props);// 实例化 StreamsConfig
        Topology topology = new Topology();     // 构建拓扑结构
        // 添加源处理节点，为源处理节点指定名称和它订阅的主题
```

```
topology.addSource("SOURCE",fromTopic)
            // 添加自定义处理节点，指定名称、处理器类和上一个节点的名称
            .addProcessor("PROCESSOR", new ProcessorSupplier() {
                @Override
                // 调用这个方法，可明确这条数据会用哪个 process 处理
                public Processor get() {
                    return new WordProcessor();
                }
            },"SOURCE")
            // 添加目标处理节点，需要指定目标处理节点的名称和上一个节点的名称
            .addSink("SINK",toTopic,"PROCESSOR");        // 最后给 SINK
        // 实例化 KafkaStreams
        KafkaStreams streams = new KafkaStreams(topology,config);
        streams.start();
    }
}
```

（四）运行测试

（1）代码编写完成后，在 node01 节点上创建来源主题和目标主题，示例代码如下所示。

```
# 创建来源主题
kafka-topics.sh --create \
--topic topic1 \
--partitions 3 \
--replication-factor 2 \
--zookeeper node01:2181,node02:2181,node03:2181
# 创建目标主题
kafka-topics.sh --create \
--topic topic2 \
--partitions 3 \
--replication-factor 2 \
--zookeeper node01:2181,node02:2181,node03:2181
```

（2）在 IDEA 中启动 App 类，启动后的效果如图 2-3-7 所示。

（3）在 node01 上启动生产者服务，示例命令如下所示。

```
# 启动生产者服务
kafka-console-producer.sh \
--broker-list node01:9092,node02:9092,node03:9092 \
--topic topic1
```

图 2-3-7　IDEA 中启动 App 类效果

（4）在 node02 上启动消费者服务，示例命令如下所示。

```
# 启动消费者服务
kafka-console-consumer.sh \
--topic topic2 \
--zookeeper node01:2181,node02:2181,node03:2181
```

（5）在生产者服务节点（node01）输入若干个单词，以空格为分隔符，在消费者服务节点（node02）上观察结果，如图 2-3-8 和图 2-3-9 所示。

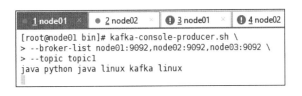

图 2-3-8　生产者端操作

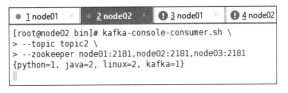

图 2-3-9　消费者端操作

——— 巩/固/与/提/高 ———

在本任务案例的基础上修改代码，实现统计每个单词的长度。

在线测试 7

项目总结

在本项目中，我们在任务一中学习了 Kafka 集群所依赖的 JDK 和 ZooKeeper 集群的配置安装；在任务二中学习了 Kafka 集群的配置安装；在任务三中我们学习了 Kafka 的概念、应用场景、基本结构，以及在此基础上掌握命令行和 API 对集群进行操作的用法；在任务三的单词计数案例中，掌握了 Kafka Streams 的用法并将前面的知识点串联起来。

经过本项目的学习，我们对消息系统 Kafka 有一个基本的了解，Kafka 的命令行方式使用和代码方式使用也有了初步掌握，这些是开展后续学习的重要基础。

项目三

实时数据库采集工具 Canal 和 Maxwell

项目导航

知识目标

① 掌握 Canal 中的数据结构，如 CanalEntry、RowChange 和 RowData。
② 掌握配置 Canal 的 TCP 模式并进行实时数据监控的方法。
③ 理解 Canal-Kafka 模式的配置和工作原理。
④ 理解 Maxwell 的基本操作流程，了解 Maxwell 监控数据库的功能。

技能目标

① 能够编写应用程序解析 Canal 采集到的数据。
② 能够配置 Canal 的 TCP 模式和 Kafka 模式。
③ 能够使用 Maxwell 监控 MySQL 数据变化并发送到 Kafka。
④ 能够解析和处理 Canal 和 Maxwell 生成的 JSON 数据。

素养目标

① 加强对数据采集和处理过程中的隐私保护和数据伦理的意识，遵守相关的法律和规范，保护个人和组织的权益。
② 强化环境保护和可持续发展的意识，将数据采集和处理过程中的社会责任与可持续发展原则融入学习和实践中。

项目描述

Canal 是用 Java 开发的基于数据库增量日志解析、提供增量数据订阅和消费的中间件。目前 Canal 主要支持了 MySQL 的 Binlog 解析，解析完成后可以利用 Canal Client 来处理获得的相关数据（数据库同步需要阿里巴巴的 Otter 中间件，是基于 Canal 的）。Maxwell 是由美国 Zendesk 公司开源、用 Java 编写的 MySQL 日志实时抓取软件。和 Canal 类似，它也是通过实时读取 MySQL 二进制日志 Binlog 获取数据的。

本项目主要介绍通过 Canal 实现 MySQL 数据库的操作，最后介绍 Maxwell 的安装方法和采集数据到控制台的方式。在实际工作中可以根据自己的需要选择对应的实时数据库采集工具。

任务一　安装MySQL数据库

MySQL 是一个关系型数据库管理系统，由瑞典 MySQL AB 公司开发，属于 Oracle 旗下的产品，MySQL 是最流行的关系型数据库管理系统之一。在 Web 应用方面，MySQL 是最好的 RDBMS（relational database management system，关系型数据库管理系统）应用软件之一。本任务将完成基于 Linux 系统 MySQL 5.7 版本的安装，为后面任务的学习奠定基础。

案例导入

本案例主要在 node03 服务器中完成 MySQL 5.7 的安装和配置。通过案例熟悉 MySQL 的相关操作，如创建数据库，创建表，对数据进行增、删、改、查的语句编写等，并为 Canal 数据采集提前创建数据库和表。

任务导航

本任务主要是基于 Linux 系统部署 MySQL 5.7。任务中的 MySQL 使用 RPM 进行安装，需要预先到 Oracle 官网下载对应的 MySQL 5.7 的 RPM 包。安装完成后，设置 MySQL 的编码为 UTF-8 并允许远程登录。下面让我们根据知识框架一起开始学习吧！

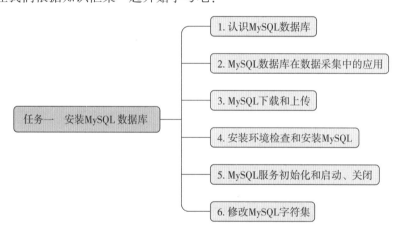

```
                                        ┌─ 1. 认识MySQL数据库
                                        │
                                        ├─ 2. MySQL数据库在数据采集中的应用
                                        │
                                        ├─ 3. MySQL下载和上传
          任务一　安装MySQL数据库 ──┤
                                        ├─ 4. 安装环境检查和安装MySQL
                                        │
                                        ├─ 5. MySQL服务初始化和启动、关闭
                                        │
                                        └─ 6. 修改MySQL字符集
```

一、认识 MySQL 数据库

（一）MySQL 数据库是什么

数据库是一个存储数据的仓库，为了方便数据的存储和管理，它将数据按照特定的规律存储在磁盘上。通过数据库管理系统，可以有效地组织和管理存储在数据库中的数据。MySQL 数据库就是这样的一个开源的关系型数据库管理系统（RDBMS），它用 C 和 C++ 编写而成，并支持广泛的应用程序开发。MySQL 使用结构化查询语言（SQL）来管理和操作数据，可以存储和检索大量的数据。

（二）MySQL 数据库的优点

MySQL 数据库有以下几个显著的优点。

1. 开源免费

作为开源软件，MySQL 可以免费使用，并且有一个活跃的开源社区。这降低了企业和个人的成本，提供了灵活的自定义和集成选项。

2. 可扩展性强

MySQL 数据库在数据存储和处理上具备良好的可扩展性。它支持分布式架构和数据复制，可以实现高可用性和高容错性，并且可以在需要时方便地扩展服务器和存储空间。

3. 简单易用

MySQL 数据库相对于其他关系型数据库来说，学习和使用门槛较低。它提供了直观的命令行工具和图形化管理界面，使得数据库的管理和操作变得简单易用。

4. 良好的性能

MySQL 以其高效的查询执行引擎而闻名。它能够快速处理大规模数据集，具备出色的性能，并且可以通过索引技术来加速数据的检索和查询操作。

5. 多平台支持

MySQL 能够运行在多种操作系统平台上，包括 Windows、Linux、Mac 等。这使得用户可以根据自己的需求和偏好，在不同的操作系统环境中轻松部署和使用 MySQL。

二、MySQL 数据库在数据采集中的应用

MySQL 数据库在数据采集中的应用非常广泛。数据采集是指从不同的数据源收集和提取数据的过程。MySQL 数据库提供了可靠的数据存储和管理功能，使得它成为数据采集的理想选择。以下是 MySQL 数据库在数据采集中的几个常见应用场景。

(一) Web 数据采集

许多网站和应用程序需要从 Web 页面上提取数据。MySQL 数据库可以作为数据的存储容器，通过编写爬虫程序或使用现有的数据采集工具，将从网页上提取的数据存储到 MySQL 数据库中进行数据的持久化存储。

(二) 传感器数据采集

在物联网和工业自动化领域，大量的传感器被用于采集环境数据、设备状态数据等。将传感器采集的数据存储到 MySQL 数据库中，可以实现对数据的持久化存储和进一步分析。

(三) 日志数据采集

许多系统和应用程序会生成大量的日志数据，包括服务器日志、应用程序日志等。MySQL 数据库可以作为日志数据的中间存储，通过日志收集工具将日志数据实时或定期采集到 MySQL 数据库中进行存储和分析。

(四) 社交媒体数据采集

社交媒体平台上的大量数据对于市场研究、舆情监控等具有重要意义。通过适当的 API 和数据采

集工具可以将社交媒体平台上的数据采集到 MySQL 数据库中进行相关分析和挖掘。

（五）数据仓库构建

在数据分析和决策支持领域，数据仓库起着至关重要的作用。MySQL 数据库可作为数据仓库的后端存储，进行数据集成、转换和加载，构建满足分析需求的数据仓库。

MySQL 数据库在数据采集中具有重要的应用价值，它能够提供稳定的数据存储和管理功能，支持多种数据源的采集和集成，为后续的数据分析和决策提供基础。

三、任务实践

（一）MySQL 安装包的下载和上传

1. 下载软件安装包

在 MySQL 官网下载对应版本的软件安装包，选择适合实验场景的版本，本教材实验机为 CentOS 7.9 操作系统，MySQL 数据库选择 5.7.16 版本，如图 3-1-1 所示。

安装 MySQL 数据库

图 3-1-1　在官网下载 MySQL 5.7.16 版本

2. 上传安装包到 node03

使用 Xftp 软件将安装包上传到 node03 服务器，如图 3-1-2 所示。

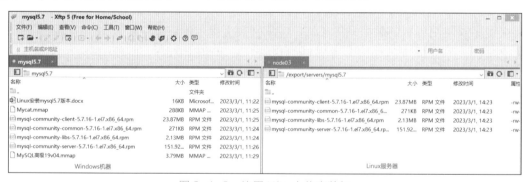

图 3-1-2　使用 Xftp 上传安装包

（二）安装环境检查和安装 MySQL

1. 检查是否安装过 MySQL

CentOS 7 系统将 MySQL 数据库软件从默认的程序列表中移除，用 MariaDB（是 MySQL 的一个分支）进行了替代。下面分别以 CentOS 6 和 CentOS 7 演示系统是否已安装 MySQL 或 MariaDB。

（1）在 CentOS 6 系统中查看是否已安装 MySQL，示例命令如下所示。

```
rpm -qa|grep mysql
```

通过以上命令可以检查 node03 服务器是否有旧版本 MySQL，命令运行结果如图 3-1-3 所示。

若已安装，需要依次卸载相应的依赖包，示例命令如下所示。

```
rpm -e --nodeps mysql5-common
rpm -e --nodeps mysql5
rpm -e --nodeps mysql5-libs
rpm -e --nodeps mysql5-server
rpm -e --nodeps mysql5-errmsg
rpm -e --nodeps mysql5-devel
```

（2）在 CentOS 7 系统中查看是否已安装 MariaDB，示例命令如下所示。

```
rpm -qa|grep mariadb
```

通过 rpm-qa|grep mariadb 命令可以检查 node03 服务器是否安装过 MariaDB 数据库，该命令的运行结果如图 3-1-4 所示。

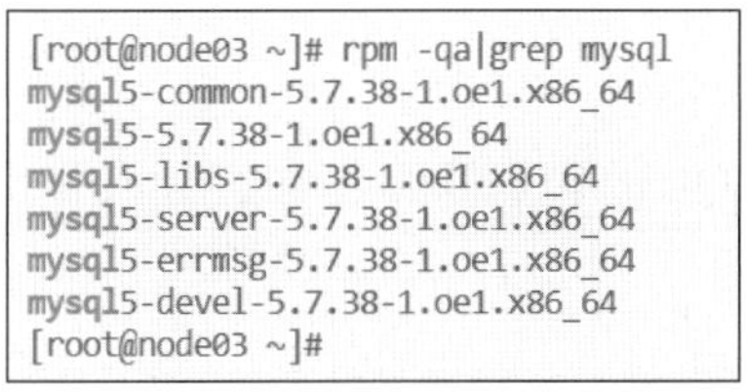

```
[root@node03 ~]# rpm -qa|grep mysql
mysql5-common-5.7.38-1.oe1.x86_64
mysql5-5.7.38-1.oe1.x86_64
mysql5-libs-5.7.38-1.oe1.x86_64
mysql5-server-5.7.38-1.oe1.x86_64
mysql5-errmsg-5.7.38-1.oe1.x86_64
mysql5-devel-5.7.38-1.oe1.x86_64
[root@node03 ~]#
```

```
[root@node03 ~]# rpm -qa|grep mariadb
mariadb-common-10.3.35-1.oe1.x86_64
mariadb-connector-c-3.0.6-8.oe1.x86_64
[root@node03 ~]#
```

图 3-1-3　MySQL 安装查询结果 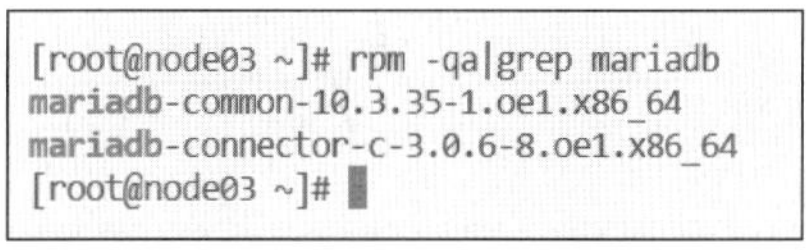　　　　　图 3-1-4　MariaDB 安装查询结果

若已安装，需要依次卸载相应的依赖包，示例命令如下所示。

```
rpm -e --nodeps mariadb-common
rpm -e --nodeps mariadb-connector-c
```

2. 检查 MySQL 依赖环境

执行安装命令前，先执行查询命令，示例命令如下所示。

```
rpm -qa|grep libaio
rpm -qa|grep net-tools
```

第一行命令是查看 MySQL 数据库安装的依赖包 libaio 是否存在，运行结果如图 3-1-5 所示。

第二行命令是查看 MySQL 数据库安装的依赖包 net-tools 是否存在，运行结果如图 3-1-6 所示。

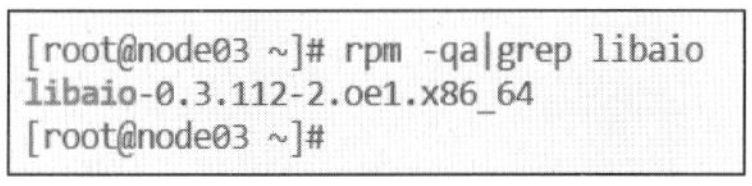

```
[root@node03 ~]# rpm -qa|grep libaio
libaio-0.3.112-2.oe1.x86_64
[root@node03 ~]#
```

```
[root@node03 ~]# rpm -qa|grep net-tools
net-tools-2.0-0.56.oe1.x86_64
[root@node03 ~]#
```

图 3-1-5　libaio 包查询结果 　　　　　图 3-1-6　net-tools 包查询结果

如果不存在，需要到 CentOS 安装盘里进行 rpm 安装。

3. 检查 /tmp 目录权限

由于 MySQL 安装过程中会通过 MySQL 用户在 /tmp 目录下新建 tmp_db 文件，所以需要给 /tmp

设置较大的权限，执行以下命令给 /tmp 目录设置权限。

```
chmod -R 777 /tmp
```

4. 基于 rpm 命令安装 MySQL 软件包

在 MySQL 的安装文件目录下依次执行以下命令。

```
rpm -ivh mysql-community-common-5.7.16-1.el7.x86_64.rpm
rpm -ivh mysql-community-libs-5.7.16-1.el7.x86_64.rpm
rpm -ivh mysql-community-client-5.7.16-1.el7.x86_64.rpm
rpm -ivh mysql-community-server-5.7.16-1.el7.x86_64.rpm
```

⚠️注意：

如在检查工作时没有检查 MySQL 依赖环境，那么在安装 mysql-community-server 时会报错。

（三）MySQL 服务初始化及其启动与关闭

1. MySQL 服务初始化

为了设置 root 用户的密码和基础配置信息，保证 MySQL 的安全性和正常运行，需要对 MySQL 进行初始化操作，示例命令如下所示。

```
mysqld --initialize --user=mysql
```

说明：参数 --initialize 选项默认以"安全"模式来初始化，初始化后会为 root 用户生成一个密码，并将该密码标记为过期，登录后需要设置一个新的密码。

查看密码的示例命令如下所示。

```
cat /var/log/mysqld.log | grep root@localhost
```

在执行结果中，"root@localhost:"后面就是初始化的密码，如图 3-1-7 所示。

```
[root@node03 ~]# cat /var/log/mysqld.log | grep root@localhost
2023-05-24T15:14:20.414672Z 1 [Note] A temporary password is generated for root@localhost: s1s4=XutBgze
```

图 3-1-7　查询 MySQL 初始化密码

2. MySQL 服务的启动和关闭

启动和关闭 MySQL 服务的示例命令如下所示。

```
# 启动 MySQL 服务的命令
systemctl start mysqld.service
# 关闭 MySQL 服务的命令
systemctl stop mysqld.service
# 重启 MySQL 服务的命令
systemctl restart mysqld.service
```

（四）修改 MySQL 字符集

1. 修改 my.cnf 文件

在 node03 服务器上，进入 /etc 目录，使用 vim 编辑器打开 my.cnf 文件，my.cnf 是 MySQL 数据库的主配置文件，按 "A" 键进入编辑模式，修改字符编码为 UTF-8，如图 3-1-8 所示。

```
# For advice on how to change settings please see
# http://dev.mysql.com/doc/refman/5.7/en/server-configuration-defaults.html

[mysqld]
#
# Remove leading # and set to the amount of RAM for the most important data
# cache in MySQL. Start at 70% of total RAM for dedicated server, else 10%.
# innodb_buffer_pool_size = 128M
#
# Remove leading # to turn on a very important data integrity option: logging
# changes to the binary log between backups.
# log_bin
#
# Remove leading # to set options mainly useful for reporting servers.
# The server defaults are faster for transactions and fast SELECTs.
# Adjust sizes as needed, experiment to find the optimal values.
# join_buffer_size = 128M
# sort_buffer_size = 2M
# read_rnd_buffer_size = 2M
datadir=/var/lib/mysql
socket=/var/lib/mysql/mysql.sock

# Disabling symbolic-links is recommended to prevent assorted security risks
symbolic-links=0

log-error=/var/log/mysqld.log
pid-file=/var/run/mysqld/mysqld.pid
character_set_server=utf8
~
```

图 3-1-8　my.cnf 配置文件（部分）

2. 重新启动 MySQL

执行以下命令重新启动 MySQL。

```
systemctl restart mysqld.service
```

3. 进入 MySQL 数据库

完成 MySQL 5.7 的安装后，在 Shell 连接终端输入 "mysql -u 用户名 -p" 并输入正确的密码后可以成功登录 MySQL 数据库，示例命令如下所示。

```
mysql –u root –p
Enter password:
```

4. 重置密码

将 root 用户的登录密码设置为 123456，示例命令如下。

```
# 修改数据库密码
mysql> alter user 'root'@'localhost' identified by '123456';
# 刷新权限
mysql> flush privileges;
```

5. 修改字符集

修改字符集的示例命令如下。

```
#修改数据库的字符集
mysql> alter database mydb character set 'utf8';
#修改数据表的字符集
mysql> alter table mytbl convert to  character set 'utf8';
```

6. 查看 MySQL 数据库状态

输入 status 可以查看 MySQL 数据库的状态, 如图 3-1-9 所示。

```
mysql> status
--------------
mysql  Ver 14.14 Distrib 5.7.16, for Linux (x86_64) using  EditLine wrapper

Connection id:          2
Current database:
Current user:           root@localhost
SSL:                    Not in use
Current pager:          stdout
Using outfile:          ''
Using delimiter:        ;
Server version:         5.7.16
Protocol version:       10
Connection:             Localhost via UNIX socket
Server characterset:    utf8
Db     characterset:    utf8
Client characterset:    utf8
Conn.  characterset:    utf8
UNIX socket:            /var/lib/mysql/mysql.sock
Uptime:                 9 min 11 sec

Threads: 1  Questions: 12  Slow queries: 0  Opens: 112  Flush tables: 1  Open tables: 105  Queries per second avg: 0.021
--------------
```

图 3-1-9　查看 MySQL 数据库的状态

—————————— 巩/固/与/提/高 ——————————

在数据采集过程中, 数据的质量对于后续的数据分析和决策有何重要影响?

在线测试 8

任务二　开启Binlog和数据准备

在安装完 MySQL 之后，需要登录 MySQL 数据库，创建相应的数据库和表并开启 Binlog 日志。

案例导入

本案例主要是针对指定的数据库开启 Binlog 日志记录功能，并通过查看 data 文件数据的变化来测试 Binlog 是否开启成功。在本案例中还需要熟悉 MySQL 数据库的建库和建表的 SQL 语句，为数据采集准备基础数据服务。

任务导航

任务二主要是登录 MySQL 数据库，开启 Binlog 日志，在 MySQL 命令行下创建数据库和表。通过本任务的学习，熟练掌握 MySQL 数据库语句，独立创建 Canal 测试使用的数据库和表，并为指定的数据库开启 Binlog 日志记录。下面让我们根据知识框架一起开始学习吧！

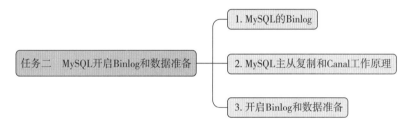

一、MySQL 的 Binlog

（一）什么是 Binlog

Binlog 即 binary log，是二进制日志文件，也称为变更日志（update log），是 MySQL 中比较重要的日志，和运维息息相关。它记录了所有更新数据库的语句，如 DDL（data defination language，数据定义语言）和 DML（data manipulation language，数据操纵语言）语句，并以二进制的形式保存在磁盘中，但是不包含没有修改任何数据的语句（如数据查询语句 select、show 等）。

MySQL 开启 Binlog 大概会有 1% 的性能损耗，它主要有以下两个重要的使用场景。

（1）主从复制。在 Master 节点开启 Binlog 后，Master 节点会把它的二进制日志传递给 Slaves 节点，保证主从数据一致。

（2）使用 MySQL Binlog 工具恢复数据。

（二）Binlog 的分类

MySQL Binlog 的格式有三种，分别是 statement、mixed、row。在配置文件中可以通过 binlog_format 参数配置。三种格式的区别如下。

（1）statement：语句级，Binlog 会记录每一次执行写操作的语句。相对 row 模式节省空间，但是可能产生不一致性，如 "update tt set create_date=now()"，如果用 Binlog 日志进行恢复，由于执行时间不同可能产生的数据也不同。

优点：节省空间。

缺点：有可能造成数据不一致。

（2）row：行级，Binlog 会记录每次操作后每行记录的变化。

优点：保持数据的绝对一致性。不管 SQL 是什么，引用了什么函数，它只会记录执行后的结果。

缺点：占用空间较大。

（3）mixed：statement 的升级版，一定程度上解决了 statement 格式数据不一致的问题。它默认是 statement 模式，以下几种情况会切换为 row 格式：当函数中包含 UUID() 时；带有 AUTO_INCREMENT 的字段被更新时；执行 INSERT DELAYED 语句时；使用自定义函数时。

优点：节省空间，同时兼顾了一定的一致性。

缺点：还有极个别情况依旧会造成不一致，另外 statement 和 mixed 格式对于 Binlog 监控不友好。

综合上面对比，基于 Canal 做监控分析时，选择 row 格式比较合适。

MySQL 主从复制和 Canal 工作原理

（一）MySQL 主从复制流程

（1）主节点将数据变更记录写到 Binlog 日志文件中。

（2）log dump 线程监听到数据变更时通知从节点，从节点将主节点的 Binlog 日志拷贝到自己的中继日志（relaylog）中。

（3）从节点读取日志记录，回放 Binlog，将改变的数据同步到自己的数据库。

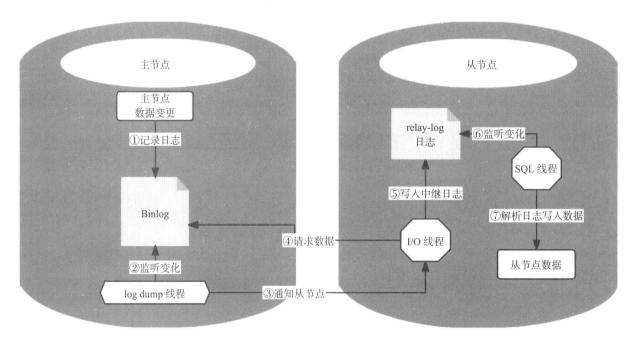

图 3-2-1　MySQL 主从复制架构原理

（二）Canal 工作原理和应用场景

1. Canal 工作原理

Canal 工作原理其实就是把自身伪装成 Slave，假装从 Master 复制数据，解析保存到 Binlog 中的记录，并将这些记录解析为 JSON 格式的数据，用来适配不同的系统。

2. Canal 应用场景

（1）原始场景：Otter 中间件的一部分。Otter 是阿里巴巴用于异地数据库同步的框架，Canal 是其中的一部分，Canal 数据采集流程如图 3-2-2 所示。

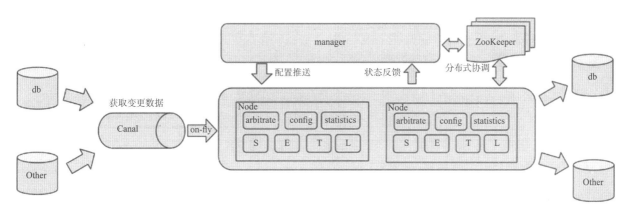

图 3-2-2　Canal 数据采集流程

（2）典型场景 1：使用 Canal 工具完成数据库和缓存之间的更新，其更新架构如图 3-2-3 所示。

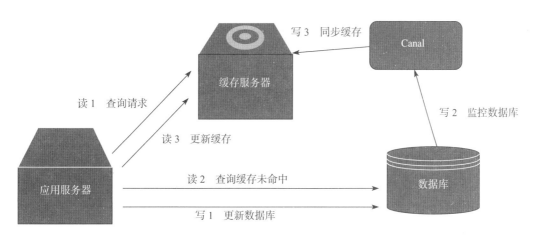

图 3-2-3　Canal 实现缓存异步更新的架构

（3）典型场景 2：抓取业务表的新增变化数据，用于实时统计（本案例采用的场景）。

（三）Canal 采集数据准备和开启 Binlog

1. 创建数据库和表

（1）使用 SQLyog 创建数据库，如图 3-2-4 所示。

图 3-2-4 使用 SQLyog 创建数据库

（2）创建数据表，示例命令如下所示。

```
CREATE TABLE user_info(
'id' VARCHAR(255),
'name' VARCHAR(255),
'sex' VARCHAR(255) );
```

2. 开启 Binlog

（1）编辑配置文件 my.cnf，修改命令如下所示。

```
#MySQL 服务器 id
server-id=1
log-bin=mysql-bin
#binlog 记录级别 row
binlog_format=row
# 指定数据库名
binlog-do-db=testdb1
```

⚠️注意：

binlog-do-db 需要依据情况进行修改，指定具体要同步的数据库名。如果不配置则表示所有数据库均开启 Binlog。在实际生产过程中为了兼顾性能，一般会指定数据库。

（2）重启 MySQL 使配置生效，示例命令如下所示。

```
sudo systemctl restart mysqld
```

三、 **任务实践**

（一）查看未修改数据的状态

使用 SQLyog 创建数据库后，在数据库的操作工具中可以看到创建的数据库和表，如图 3-2-5 所示。

图 3-2-5 查看数据库和表

在没有对数据库操作之前通过 ll（ls -l 的简写）命令查看 log 日志文件，初始的 Binlog 文件大小如图 3-2-6 所示。

```
[root@node03 ~]# cd /var/lib/mysql
[root@node03 mysql]# ll
total 121M
-rw-r----- 1 mysql mysql   56 Aug 18 12:15 auto.cnf
-rw-r----- 1 mysql mysql  355 Aug 18 12:30 ib_buffer_pool
-rw-r----- 1 mysql mysql  12M Aug 18 12:30 ibdata1
-rw-r----- 1 mysql mysql  48M Aug 18 12:30 ib_logfile0
-rw-r----- 1 mysql mysql  48M Aug 18 12:15 ib_logfile1
-rw-r----- 1 mysql mysql  12M Aug 18 12:30 ibtmp1
drwxr-x--- 2 mysql mysql 4.0K Aug 18 12:15 mysql
-rw-r----- 1 mysql mysql  154 Aug 18 12:30 mysql-bin.000001
-rw-r----- 1 mysql mysql   19 Aug 18 12:30 mysql-bin.index
srwxrwxrwx 1 mysql mysql    0 Aug 18 12:30 mysql.sock
-rw------- 1 mysql mysql    6 Aug 18 12:30 mysql.sock.lock
drwxr-x--- 2 mysql mysql 4.0K Aug 18 12:15 performance_schema
drwxr-x--- 2 mysql mysql  12K Aug 18 12:15 sys
drwxr-x--- 2 mysql mysql 4.0K Aug 18 12:28 testdb1
[root@node03 mysql]#
```

开启 Binlog

图 3-2-6 初始的 Binlog 文件大小

（二）查看修改后数据的状态

使用 SQLyog 工具选择测试的数据库和表，执行 INSERT 命令向数据库添加数据，示例命令如下所示。

```
# 插入数据的代码
INSERT INTO user_info VALUES('1001','zhangsan','male');
```

在向数据库添加数据后，再次通过 ll 命令查看日志目录，发现与在上一步中查看的相同的日志文件的大小发生了变化，说明我们的 Binlog 开启成功，MySQL 数据库记录了修改数据库的日志变化，添加数据后的 Binlog 文件大小如图 3-2-7 所示。

```
[root@node03 mysql]# ll
total 121M
-rw-r----- 1 mysql mysql   56 Aug 18 12:15 auto.cnf
-rw-r----- 1 mysql mysql  355 Aug 18 12:30 ib_buffer_pool
-rw-r----- 1 mysql mysql  12M Aug 18 12:32 ibdata1
-rw-r----- 1 mysql mysql  48M Aug 18 12:32 ib_logfile0
-rw-r----- 1 mysql mysql  48M Aug 18 12:32 ib_logfile1
-rw-r----- 1 mysql mysql  12M Aug 18 12:30 ibtmp1
drwxr-x--- 2 mysql mysql 4.0K Aug 18 12:15 mysql
-rw-r----- 1 mysql mysql  446 Aug 18 12:32 mysql-bin.000001
-rw-r----- 1 mysql mysql   19 Aug 18 12:30 mysql-bin.index
srwxrwxrwx 1 mysql mysql    0 Aug 18 12:30 mysql.sock
-rw------- 1 mysql mysql    6 Aug 18 12:30 mysql.sock.lock
drwxr-x--- 2 mysql mysql 4.0K Aug 18 12:15 performance_schema
drwxr-x--- 2 mysql mysql  12K Aug 18 12:15 sys
drwxr-x--- 2 mysql mysql 4.0K Aug 18 12:28 testdb1
[root@node03 mysql]#
```

添加数据后，
日志大小发生变化

图 3-2-7 添加数据后的 Binlog 文件大小

创建 canal 用户，并赋予 readonly 权限，示例命令如下所示。

```
MySQL> set global validate_password_length=4;
MySQL> set global validate_password_policy=0;
MySQL> GRANT SELECT, REPLICATION SLAVE, REPLICATION CLIENT ON *.* TO 'canal'@'%' IDENTIFIED
BY 'canal' ;
```

———————————— 巩/固/与/提/高 ————————————

为什么在 Canal 工具中选择 row 格式比较合适？请提供至少两个理由。

在线测试 9

大数据采集与预处理技术

任务三 Canal的下载和安装

阿里巴巴面向国外的业务会遇到这样一种情况：卖家主要集中在国内，买家主要集中在国外。这就衍生出了异地机房的需求。基于此，阿里公司开始逐步尝试基于数据库的日志解析，获取增量变更进行同步，由此衍生出了 Canal。

案例导入

本案例为实操案例，主要实现 Canal 的下载和配置安装，过程相对简单。需要注意的是，Canal 是使用 Java 语言编写的，所以在安装 Canal 之前需要验证 JDK 是否安装。

任务导航

本任务的主要目的是构建 Canal 环境，需要下载解压 Canal 并修改 Canal 的配置文件，通过对 Canal 的配置实现对 MySQL 日志的订阅。下面让我们根据知识框架一起开始学习吧！

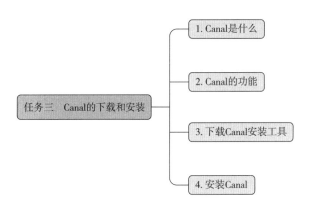

一、Canal 是什么

Canal 是阿里巴巴开源的一个用于 MySQL 数据库的增量数据订阅和消费的中间件（见图 3-3-1），是一款用于实时数据同步和迁移的开源软件。Canal 主要用于以日志的形式捕获 MySQL 或 MariaDB 数据库的数据变更（包括新增、更新和删除操作），并将这些变更同步到其他数据源，如其他数据库、消息队列或数据仓库等。

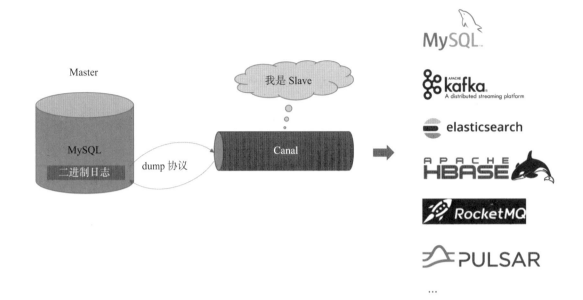

图 3-3-1　Canal 的含义及用途

二、Canal 的功能

　　Canal 的主要功能是基于 MySQL 的 Binlog 日志进行数据订阅和消费。它通过解析 MySQL 的 Binlog，将数据库的数据变更（如插入、更新、删除操作）以事件的形式捕获，并将这些事件发送到订阅者，以实现实时的数据同步、数据分发和数据消费。

（一）数据订阅和同步

　　Canal 通过解析 MySQL 的 Binlog 日志，实现对数据库的增量数据变更的订阅和同步。它可以捕获数据库的插入、更新、删除等操作，并将这些变更以事件的形式实时推送给订阅者。

（二）数据分发和转换

　　Canal 支持将订阅到的数据转换成多种数据格式（如 JSON、Avro 等），并将其分发到多个不同的目标数据源，如其他数据库、消息队列、数据仓库等。

（三）数据过滤和选择性订阅

　　Canal 允许用户根据需要进行灵活的数据过滤和选择性订阅，可以指定需要订阅的数据库、表格，以及过滤条件等。这样可以提高效率，仅订阅感兴趣的数据。

　　Canal 中间件主要用于 MySQL 数据库的增量数据订阅、同步和分发，具备数据过滤、转换和选择性订阅等功能，支持分布式部署和扩展，保证数据一致性和可靠性，并提供可视化的管理界面。这些功能使得 Canal 成为数据集成和实时数据处理的有力工具。

三、任务实践

（一）下载 Canal 安装包

在 Github 网站上找到并下载 Canal 的安装包，选择合适的版本。Canal 的下载页面如图 3-3-2 所示。

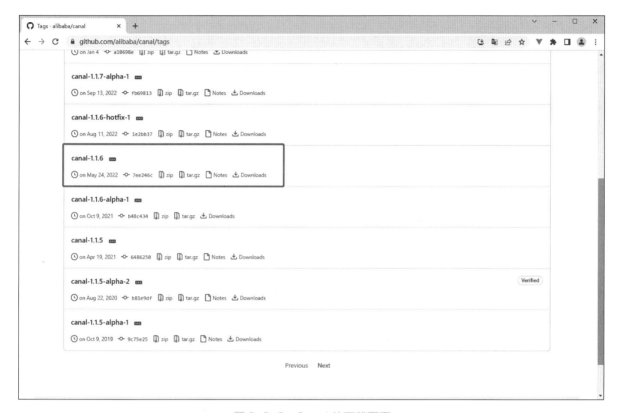

图 3-3-2　Canal 的下载页面

下载好 Canal 安装包后，使用 Xftp 工具将 Canal 安装包导入到 node03 节点中。

（二）安装 Canal

下载和安装 Canal

1. 解压 Canal 安装包到 /opt/module/canal 目录下

（1）在 /opt/module 目录下创建文件夹。示例命令如下所示。

```
mkdir -p /opt/module/canal
```

（2）在 /export/softwares 目录下解压下载的 Canal 安装包到 /opt/module/canal 目录。示例命令如下所示。

```
[root@node01 softwares]# tar -zxvf canal.deployer-1.1.6.tar.gz  -C /opt/module/canal
```

2. 修改 canal.properties 文件

修改 canal.properties 文件的示例命令如下所示。

```
# 编辑配置文件 /opt/module/canal/conf/canal.properties
################################################
```

```
#########    common argument  #############
#################################################
canal.id = 1
canal.ip =
canal.port = 11111
canal.metrics.pull.port = 11112
canal.zkServers =
# flush data to zk
canal.zookeeper.flush.period = 1000
canal.withoutNetty = false
# tcp, kafka, RocketMQ
canal.serverMode = tcp
# flush meta cursor/parse position to file
```

canal.properties 文件包含 Canal 的基本通用配置，Canal 端口号默认就是 11111，Canal 的输出模式默认为 tcp，可以修改为 Kafka。一个 Canal 服务中可以配置多个实例（instance），/conf 目录下的每一个 example 就是一个实例，每个实例下面都有独立的配置文件 conf/example/instance.properties。默认情况下，Canal 只有一个实例 example，示例代码如下。

```
#################################################
#########    destinations  #############
#################################################
canal.destinations = example
```

如果需要多个实例处理不同的 MySQL 数据的话，直接拷贝出多个 example，并对其重新命名，命名和配置文件中指定的名称要保持一致，然后修改 canal.properties 中的"canal.destinations=example1,example2,example3"即可完成多实例配置。

3. 配置 instance

本任务只读取一个 MySQL 数据库，所以只有一个实例，这个实例的配置文件在 Canal 解压目录中的 conf/example/instance.properties 目录下。

（1）配置 MySQL 服务器的地址，示例配置文件内容如下所示。

```
###################################### ## MySQL serverId , v1.0.26+ will autoGen
canal.instance.MySQL.slaveId=20
# enable gtid use true/false canal.instance.gtidon=false
# position info
canal.instance.master.address=node03:3306
```

（2）配置连接 MySQL 的用户名和密码，默认使用前面授权的 canal 用户。读者可以根据自己的数据库的用户名和密码进行设置，示例配置文件内容如下所示。

```
# username/password
```

```
canal.instance.dbUsername=canal
canal.instance.dbPassword=canal
canal.instance.connectionCharset = UTF-8
canal.instance.defaultDatabaseName =test
```

4. 启动 Canal 并查看相关日志

（1）启动 Canal，示例命令如下所示。

```
cd /opt/module/canal/bin
./startup.sh
```

（2）查看 Canal 相关日志，示例命令如下所示。

```
cat /opt/module/canal/logs/example/example.log
```

———————— 巩/固/与/提/高 ————————

Canal 作为中间件，可能会面临数据安全和信息泄露的风险。在使用 Canal 时，该如何保护数据的安全性？如何防止信息泄露呢？

在线测试 10

任务四　实时数据监控测试之TCP模式

本任务主要回顾 IDEA 工具的使用，利用 Maven 搭建项目并通过编写应用程序对 Canal 采集到的数据进行解析。

案例导入

在本案例中，首先会构建 Maven 工程，导入操作 Canal 客户端的依赖；然后结合官方文档示例代码实现 Canal 中的 Message 数据解析；最终通过对数据库数据的相关操作，验证 Canal 的实时监控功能。

任务导航

本任务主要是学习 IDEA 中 Maven 工程的搭建，通过编写应用程序实现 Canal 中的 Message 数据解析。根据不同的数据库操作，如 UPDATE、INSERT、DELETE，以及事件的类型，在应用程序中监控数据的变化，这里使用的是 Canal 默认的 TCP 模式。下面让我们根据知识框架一起开始学习吧！

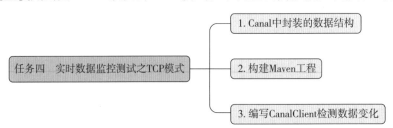

一、Canal 中封装的数据结构

在进行代码编写之前，我们需要了解 Canal 封装的数据结构，以便在自己的应用程序中获得自己需要的数据。Canal 中封装的数据结构如图 3-4-1 所示。

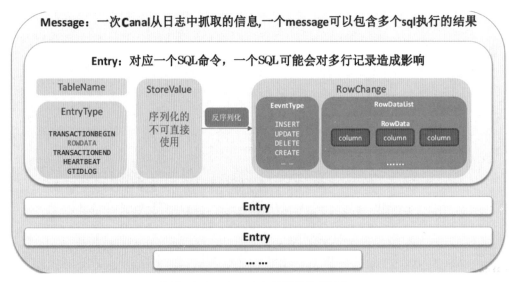

图 3-4-1　Canal 中封装的数据结构

（一）CanalEntry

CanalEntry 是 Canal 中最常用的数据结构，代表一条数据库的数据变更。

（二）RowChange

RowChange 对象用于表示一次数据库的数据变更，包括一系列的行级别的变更操作，它包含以下几个重要的字段。

（1）EventType: 表示数据操作的类型，包括 INSERT、UPDATE 和 DELETE。

（2）RowDataList: 表示行级别的数据变更操作列表，包含一系列的 RowData 对象。

（三）RowData

RowData 对象表示数据库表格中一行的数据变更，它包含以下几个重要的字段。

（1）beforeColumns: 变更前的列数据，以 List 形式存储每个列的名称和值。

（2）afterColumns: 变更后的列数据，以 List 形式存储每个列的名称和值。

通过使用这些数据结构，我们可以获取数据库中的数据变更，并对其进行相应的处理和操作。我们还可以根据具体的需求解析 CanalEntry 对象并获取相关的数据信息，如数据库名称、表格名称、操作类型、列名称和列值等，进而进行相应的业务逻辑处理。

⚠️ 注意:

Canal 的数据结构可能在不同版本的 Canal 中略有差异，具体的字段和方法可以参考相应版本的 Canal 文档。

二、任务实践

（一）创建数据库 db2 并开启 Binlog 监控

（1）登录 MySQL 服务器创建一个数据库 db2，这里在 node03 服务器上完成，示例命令如下所示。

TCP 模式

```
mysql -u 用户名 -p 密码
```

输入自己的数据库的用户名和密码，登录成功后可以进入 MySQL 数据库的会话窗口，在 MySQL 会话窗口中我们可以输入 SQL 命令进行数据库的创建和数据库的查看，示例命令如下所示。

```
root@node03 servers]# mysql -uroot -p
Enter password:
Welcome to the MySQL monitor.  Commands end with ; or \g.
Your MySQL connection id is 2
Server version: 5.7.16-log MySQL Community Server (GPL)
Copyright (c) 2000, 2016, Oracle and/or its affiliates. All rights reserved.
```

```
Oracle is a registered trademark of Oracle Corporation and/or its
affiliates. Other names may be trademarks of their respective
owners.
mysql> show databases;
+--------------------+
| Database           |
+--------------------+
| information_schema |
| eagle              |
| hive               |
| maxwell            |
| mysql              |
| performance_schema |
| sys                |
+--------------------+
7 rows in set (0.00 sec)

mysql>create database db2;
Query OK, 1 row affected (0.01 sec)
```

（2）选择 db2 数据库，在数据库中创建数据库表 tb_user_info，示例命令如下所示。

```
mysql> show databases;
+--------------------+
| Database           |
+--------------------+
| information_schema |
| db2                |
| eagle              |
| hive               |
| maxwell            |
| mysql              |
| performance_schema |
| sys                |
+--------------------+
8 rows in set (0.00 sec)

mysql> use db2;
Database changed
mysql>create table tb_user_info (
```

```
-> user_id varchar(20),
-> user_name varchar(20),
-> user_sexvarchar(10)
->);
Query OK, 0 rows affected (0.00 sec)

mysql>
```

（3）开启 MySQL 的 Binlog 并监控 db2 数据库，示例命令如下所示。

```
#MySQL 服务器 id
server-id=1
log-bin=mysql-bin
#binlog 记录级别为 row
binlog_format=row
# 指定数据库
Binlog-do-db=db2
```

（二）IDEA 创建 Maven 工程并编写 CanalClient 类

（1）在 IDEA 中创建 Maven 工程，修改 pom.xml 文件，添加依赖和插件。示例命令如下所示。

```
<dependencies>
    <dependency>
        <groupId>com.alibaba.otter</groupId>
        <artifactId>canal.client</artifactId>
        <version>1.1.2</version>
    </dependency>
    <dependency>
        <groupId>org.apache.kafka</groupId>
        <artifactId>kafka-clients</artifactId>
        <version>2.4.1</version>
    </dependency>
</dependencies>
<build>
    <plugins>
        <!-- Java 编译插件 -->
        <plugin>
            <groupId>org.apache.maven.plugins</groupId>
            <artifactId>maven-compiler-plugin</artifactId>
            <version>3.2</version>
```

```
            <configuration>
                <source>1.8</source>
                <target>1.8</target>
                <encoding>UTF-8</encoding>
            </configuration>
        </plugin>
    </plugins>
</build>
```

（2）创建并编写 CanalClient 类。CanalClient 类相当于一个客户端工具，通过该工具可以实现对 Canal 服务器数据进行实时地监测，这里我们主要是实现将数据打印输出到控制台，因为要监测数据的变化，所以先要运行 Canal 监测类，一旦数据发生变化，就可以实现数据的实时监测并打印输出。示例命令如下所示。

```
import com.alibaba.fastjson.JSONObject;
import com.alibaba.otter.canal.client.CanalConnector;
import com.alibaba.otter.canal.client.CanalConnectors;
import com.alibaba.otter.canal.protocol.CanalEntry;
import com.alibaba.otter.canal.protocol.Message;
import com.xuanyuan.constants.GmallConstants;
import com.xuanyuan.utils.MyKafkaSender;
import com.google.protobuf.ByteString;
import com.google.protobuf.InvalidProtocolBufferException;
import java.net.InetSocketAddress;
import java.util.List;
import java.util.Random;
public class CanalClient {
    public static void main(String[] args) throws InvalidProtocolBufferException {
        // 1. 获取 Canal 连接对象
        CanalConnector canalConnector;
        CanalConnectors.newSingleConnector(new InetSocketAddress("hadoop102", 11111),
"example", "", "");
        while (true) {
            // 2. 获取连接
            canalConnector.connect();
            // 3. 指定要监控的数据库
            canalConnector.subscribe("gmall.*");
            // 4. 获取 Message
            Message message = canalConnector.get(100);
            List<CanalEntry.Entry> entries = message.getEntries();
```

```java
                if (entries.size() <= 0) {
                    System.out.println("没有数据，休息一会儿");
                    try {
                        Thread.sleep(1000);
                    } catch (InterruptedException e) {
                        e.printStackTrace();
                    }
                } else {
                    for (CanalEntry.Entry entry : entries) {
                        // TODO 获取表名
                        String tableName = entry.getHeader().getTableName();
                        // TODO Entry 类型
                        CanalEntry.EntryType entryType = entry.getEntryType();
                        // TODO 判断 EntryType 是否为 ROWDATA
                        if (CanalEntry.EntryType.ROWDATA.equals(entryType)) {
                            // TODO 序列化数据
                            ByteString storeValue = entry.getStoreValue();
                            // TODO 反序列化
                            CanalEntry.RowChange rowChange = CanalEntry.RowChange.parseFrom
(storeValue);

                            // TODO 获取事件类型
                            CanalEntry.EventType    eventType    = rowChange.getEventType();
                            //TODO 获取具体的数据
                            List<CanalEntry.RowData> rowDatasList = rowChange.getRowDatasList();
                            // TODO 遍历并打印数据
                            for (CanalEntry.RowData rowData : rowDatasList) {
                                List<CanalEntry.Column> beforeColumnsList = rowData.
getBeforeColumnsList();
                                JSONObject beforeData = new JSONObject();
                                for (CanalEntry.Column column : beforeColumnsList) {
                                    beforeData.put(column.getName(), column.getValue());
                                }
                                JSONObject afterData = new JSONObject();
                                List<CanalEntry.Column> afterColumnsList = rowData.
getAfterColumnsList();
                                for (CanalEntry.Column column : afterColumnsList) {
                                    afterData.put(column.getName(), column.getValue());
                                }
                                System.out.println("TableName:" + tableName + ",EventType:" +
eventType + ",After:" + beforeData + ",After:" + afterData);
```

```
                    }
                  }
                }
              }
            }
          }
        }
```

（3）修改 db2 数据库中的数据，监测控制台的输出。示例命令如下所示。

```
# 插入数据
INSERT INTO user_info VALUES('1001','zhangsan','male'),('1002','lisi','female');
```

巩/固/与/提/高

Canal 的 Binlog 记录级别设置为 row 的意义是什么？它与 Canal 的功能和应用有什么关系？

在线测试 11

任务五　实时数据监控测试之Kafka模式

Kafka 作为大数据领域最主流的分布式消息系统，能够和流式处理框架 Spark、Flink 进行集成。在实际生产过程中，可以通过 Kafka 消息系统对 Canal 实时采集到的数据进行传递。

案例导入

通过 Canal 获取到 MySQL 的数据变化后，可能还需要使用这些变化的数据。Kafka 是一款强大的消息队列，可以大批量地处理数据流。通过对 Canal 进行设置，把 Canal 采集到的数据传递给 Kafka 可以方便其他消费者消费数据。本案例采用 Canal-Kafka 模式。

任务导航

本任务主要是对 Canal 进行配置，监控数据库数据的变化。通过 Kafka-Consumer 把获得变化的 JSON 数据输出到控制台。下面让我们根据知识框架一起开始学习吧！

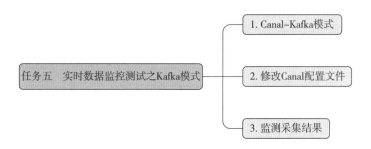

一、Canal-Kafka 模式

在我们使用 Canal 时，经常会使用 Kafka 作为消息队列，Canal 可以实现将数据库的增量数据变更为以事件的形式发布到 Kafka 中，供其他应用程序进行消费和处理。这种模式被称为 Canal-Kafka 模式。

（一）Canal-Kafka 模式的功能

Canal 与 Kafka 的结合，能够实现数据库的实时数据同步、解耦和异步处理。使用 Kafka 作为消息队列，可以有效地处理大量的数据变更，并且可以支持多个消费者并行处理数据，具有良好的扩展性和容错性。Canal-Kafka 模式主要可以实现以下功能。

1. 可靠的数据传输

Canal 将解析的增量数据变更发送到 Kafka 的特定主题中，Kafka 以持久化方式存储数据，并保证数据的传输可靠性。

2. 异步处理

应用程序可以作为 Kafka 的消费者，通过订阅特定主题，异步地消费并处理数据库的增量数据变更。这样可以降低数据库的压力，提高系统的性能，保证系统的稳定性。

3. 数据分发和扩展

Kafka 作为分布式消息队列，提供了水平扩展的能力，可以支持多个消费者并行处理数据。这样可以方便地进行数据分发和多个消费者的扩展。

（二）Canal-Kafka 模式的基本流程

在 Canal-Kafka 模式下，需要配置 Canal Server 和 Kafka 的相关参数和连接信息，确保 Canal Server 能够正确地将数据发送到 Kafka 并供应用程序消费。同时，应用程序也需要配置合适的 Kafka 消费者来接收和处理事件数据。我们可以通过以下几个步骤来实现 Canal-Kafka 模式。

（1）Canal Server 订阅数据库的数据变更，并解析 Binlog 日志，捕获增量数据变更。

（2）Canal Server 将捕获的数据变更转换为 Canal 内部定义的数据结构，如 CanalEntry。

（3）Canal Server 将转换后的数据以事件的形式发送到 Kafka 的特定主题（Topic）中。

（4）Kafka 作为一个分布式消息队列，可以将事件数据持久化存储，并提供高吞吐量和水平扩展的能力。

（5）应用程序作为 Kafka 的消费者，可以通过订阅特定的 Kafka 主题，实时接收数据库的增量数据变更事件。

（6）应用程序根据接收到的变更事件，进行相应的逻辑处理和业务操作。

本任务中，我们主要实现 Canal Server 与 Kafka 集群的连接，在 Canal Server 的配置文件中，添加配置项以连接 Kafka 集群。配置项包括 Kafka 的连接地址、主题名称等信息。这样 Canal Server 才能够将解析的增量数据发送到指定的 Kafka 主题中。

二、任务实践

Canal-Kafka 模式

（一）创建数据库 db3 并开启 Binlog 监控

（1）输入自己的数据库的用户名和密码，登录成功后可以进入 MySQL 数据库的会话窗口，在 MySQL 会话窗口中我们可以输入 SQL 命令进行数据库的创建和查看。示例命令如下所示。

```
root@node03 servers]# mysql -uroot -p
Enter password:
Welcome to the MySQL monitor.  Commands end with ; or \g.
Your MySQL connection id is 2
Server version: 5.7.16-log MySQL Community Server (GPL)
Copyright (c) 2000, 2016, Oracle and/or its affiliates. All rights reserved.
Oracle is a registered trademark of Oracle Corporation and/or its
affiliates. Other names may be trademarks of their respective
owners.
mysql> show databases;
+--------------------+
```

```
| Database               |
+------------------------+
| information_schema     |
| eagle                  |
| hive                   |
| maxwell                |
| mysql                  |
| performance_schema     |
| sys                    |
+------------------------+
7 rows in set (0.00 sec)

mysql>create database db3;
Query OK, 1 row affected (0.01 sec)
```

（2）选择 db3 数据库。在数据库中创建数据库表 tb_product，示例命令如下所示。

```
mysql> show databases;       .
+------------------------+
| Database               |
+------------------------+
| information_schema     |
| db3                    |
| eagle                  |
| hive                   |
| maxwell                |
| mysql                  |
| performance_schema     |
| sys                    |
+------------------------+
8 rows in set (0.00 sec)

mysql> use db3;
Database changed
mysql>create  table tb_product (
    -> product_id varchar(20),
    -> product_name varchar(20),
    -> product_price double
    ->);
Query OK, 0 rows affected (0.00 sec)

mysql>
```

（3）开启 MySQL 的 Binlog 并监控 db3 数据库。示例命令如下所示。

```
#MySQL 服务器 id
server-id=1
log-bin=mysql-bin
#binlog 记录级别 row
binlog_format=row
# 指定数据库
Binlog-do-db=db3
```

（二）修改 Canal 配置文件

（1）修改 Canal 配置，开启 Kafka 监测。修改 canal.properties，示例配置文件内容如下所示。

```
#Canal 的输出模式默认为 tcp，改为输出到 Kafka
#################################################
#########    common argument  #############
#################################################
canal.id = 1 canal.ip =
canal.port = 11111
canal.metrics.pull.port = 11112
canal.zkServers =
# flush data to zk
canal.zookeeper.flush.period = 1000
canal.withoutNetty = false
# tcp, kafka, RocketMQ
canal.serverMode = kafka
# flush meta cursor/parse position to file
# 修改 Kafka 集群的地址
#################################################
#########         MQ          #############
#################################################
canal.mq.servers = hadoop102:9092,hadoop103:9092,hadoop104:9092
```

（2）修改 instance.properties，示例配置文件内容如下所示。

```
# 修改 instance.properties，改为输出到 Kafka 的主题以及分区数
# mq config
canal.mq.topic=canal_test
canal.mq.partitionsNum=1
# hash partition config
#canal.mq.partition=0
#canal.mq.partitionHash=mytest.person:id,mytest.role:id
```

⚠ 注意:

修改 instance.properties，默认输出到指定 Kafka 主题的一个分区，因为多个分区并行可能会打乱 Binlog 的顺序，如果要提高并行量，首先设置 Kafka 的分区数，让分区数大于 1，然后设置 canal.mq.partitionHash 属性。

(三) 插入数据测试采集结果

1. 启动 Canal

执行命令启动 Canal，示例命令如下所示。

```
/opt/module/canal/bin/startup.sh
```

输入命令 jps，如果可以看到 CanalLauncher，表示 Canal Server 启动成功，同时会创建 canal_test 主题。

2. 启动 Kafka 消费者客户端

```
# 启动 Kafka 消费者客户端，查看消费情况
/opt/module/canal/bin /kafka-console-consumer.sh --bootstrap-server hadoop102:9092 --topic canal_test
```

3. 修改数据库数据

```
# 插入数据
INSERT INTO user_info VALUES('1001','zhangsan','male'),('1002','lisi','female');
```

4. 查看 Kafka 消费者控制台输出

```
# Kafka 消费者控制台
{"data":[{"id":"1001","name":"zhangsan","sex":"male"},{"id":"1002 ","name":"lisi","sex":"female"}],"database":"gmall-
2021","es":1639360729000,"id":1,"isDdl":false,"MySQLType":{"id":"varchar(255)","name":"varchar(255)","sex":"varchar(255)"},"old":n ull,"sql":"","sqlType":{"id":12,"name":12,"sex":12},"table":"user_info","ts":1639361038454,"type":"INSERT"}
```

—— 巩/固/与/提/高 ——

在设置 Canal-Kafka 模式时，有哪些道德和法律方面的问题需要注意？

在线测试 12

任务六 Maxwell初始化和进程启动

Maxwell 是由美国 Zendesk 开源，用 Java 编写的 MySQL 实时抓取软件。与 Canal 类似，它也是通过实时读取 MySQL 二进制日志 Binlog，生成 JSON 格式的消息，并作为生产者发送给 Kafka、Kinesis、RabbitMQ、Redis、Google Cloud Pub/Sub、文件或其他平台的应用程序。本任务主要带领大家对 MySQL 数据库做初始化的基本设置，完成 Maxwell 的安装和启动。

案例导入

本案例主要是通过下载和安装 Maxwell，开启 MySQL 的 Binlog，并在 MySQL 数据库中创建用户，对用户进行权限的分配，让大家熟悉 Maxwell 的基本操作流程。

任务导航

本任务主要是完成 Maxwell 软件部署与配置，完成 MySQL 数据库、表的创建，为后面任务的学习奠定基础。下面让我们根据知识框架一起开始学习吧！

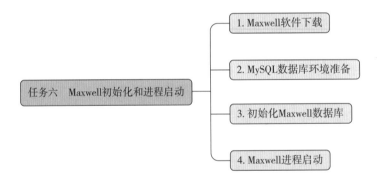

一、 安装和配置 Maxwell

（一）Maxwell 软件相关资源

（1）Maxwell 官网地址：https://maxwells-daemon.io/。

（2）Maxwell 文档地址：https://maxwells-daemon.io/quickstart/。

（二）安装部署

（1）在安装 Maxwell 之前，需要确保系统已经安装以下依赖软件：Java、MySQL 客户端、Kafka。这些软件的安装在本教材中都有涉及，读者可以自行查阅前面的知识，提前安装好相应软件，本任务不再赘述。

（2）通过 Xftp 工具将下载好的 maxwell-1.29.2.tar.gz 上传到服务器节点的 /opt/software 目录下。

（3）解压 maxwell-1.29.2.tar.gz 安装包到 /opt/module 下，示例命令如下所示。

```
tar -zxvf /opt/software/maxwell-1.29.2.tar.gz -C /opt/module
```

（三）MySQL 环境准备

1. 修改 MySQL 的配置文件

（1）开启 MySQL 的 Binlog 设置，示例命令如下所示。

```
[MySQLd]
server_id=1
log-bin=MySQL-bin
binlog_format=row
#binlog-do-db=test_maxwell
```

（2）重启 MySQL 服务，示例命令如下所示。

```
sudo systemctl restart mysqld
```

（3）登录 MySQL 并查看是否修改完成，示例命令如下所示。

```
mysql -uroot -p123456
MySQL> show variables like '%binlog%';
```

2. 查看日志文件

进入 /var/lib/mysql 目录，查看 MySQL 生成的 Binlog 文件，示例命令如下所示。

```
sudo ls -l /var/lib/mysql
```

⚠注意：

MySQL 生成的 Binlog 文件初始大小是 154 字节，文件名的前缀是通过 log-bin 参数配置的，文件名的后半部分默认从 .000001 开始，然后依次递增。除了 Binlog 文件以外，MySQL 还会额外生成一个 .index 索引文件用来记录当前使用的 Binlog 文件。

（四）初始化 Maxwell 数据库

（1）在 MySQL 中建立一个名为 maxwell 数据库用于存储 Maxwell 的元数据，示例命令如下所示。

```
mysql -uroot -p123456
MySQL> CREATE DATABASE maxwell;
```

（2）设置 MySQL 用户密码的安全级别，示例命令如下所示。

```
MySQL> set global validate_password_length=4;
```

```
MySQL> set global validate_password_policy=0;
```

（3）分配一个可以操作该数据库的账号，示例命令如下所示。

```
MySQL> GRANT ALL ON maxwell.* TO 'maxwell'@'%' IDENTIFIED BY '123456';
```

（4）为这个账号分配监控其他数据库的权限，示例命令如下所示。

```
MySQL> GRANT  SELECT ,REPLICATION SLAVE , REPLICATION CLIENT  ON *.* TO maxwell@'%';
```

（5）刷新 MySQL 表权限，示例命令如下所示。

```
MySQL> flush privileges;
```

（五）Maxwell 进程启动

使用命令行启动 Maxwell 进程，示例命令如下所示。

```
cd /opt/module/maxwell-1.29.2/bin
bin/maxwell --user='maxwell' --password='123456' --host='node02'  -producer=stdout
```

说明如下。

--user：连接 MySQL 的用户。

--password：连接 MySQL 的用户的密码。

--host：MySQL 安装的主机名。

--producer：生产者模式，stdout 代表控制台，kafka 代表 Kafka 集群。

二、 任务实践

本任务主要是通过 Maxwell 工具实现对指定数据库的数据实时监测和数据的采集，具体实现步骤如下。

（1）运行 Maxwell 监控 MySQL 数据更新，示例命令如下所示。

```
cd /opt/module/maxwell-1.29.2/bin
bin/maxwell user='maxwell' --password='123456' --host='node02' producer=stdout
```

（2）插入数据。向 MySQL 的 test_maxwell 库的 test 表插入一条数据，查看 Maxwell 的控制台输出。插入数据的示例命令如下所示。

```
MySQL> insert into test values(1,'aaa');
```

向 MySQL 的 test_maxwell 库的 test 表插入 3 条数据，控制台出现了 3 条 JSON 日志，说明 Maxwell 是以数据行为单位进行日志采集的。插入 3 条数据的示例命令如下所示。

```
MySQL> insert into test VALUES(2,'bbb'),(3,'ccc'),(4,'ddd');
```

（3）修改数据。修改 test_maxwell 库的 test 表中的一条数据，查看 Maxwell 的控制台输出。修改数据的示例命令如下所示。

```
MySQL> update test set name='abc' where id =1;
```

（4）删除数据。删除 test_maxwell 库的 test 表中的一条数据，查看 Maxwell 的控制台输出。删除数据的示例命令如下所示。

```
MySQL> delete from test WHERE id =1;
```

安装和配置 Maxwell

————————————— 巩/固/与/提/高 —————————————

对于 Maxwell 来说，Binlog 文件有什么作用？为什么它的初始大小是 154 字节？

在线测试 13

项目总结

在本项目中，我们学习了 Canal 这一数据采集工具的基本概念和原理，了解了 Canal 的工作机制和使用方法。Canal 是通过读取 MySQL 的二进制日志 Binlog 来实现实时数据抓取的工具。通过配置 Canal 的模式，我们能够实时监控和采集 MySQL 数据库中的数据，并将其发送到 Kafka 等平台进行进一步处理。

此外，我们还学习了 Maxwell。类似于 Canal，Maxwell 也利用了二进制日志 Binlog 来实现数据的实时抓取，并将其转化为 JSON 格式的消息。学习 Maxwell 初始化和进程启动，我们能够实现对 MySQL 数据的实时监测和采集。

项目四

ELK 日志采集技术栈

项目导航

知识目标

❶ 掌握数据存储和索引的基本概念，包括倒排索引、分片和复制等。

❷ 熟悉日志的格式和结构，了解常见的日志格式，如 JSON、CSV 等。

❸ 理解数据流的概念，包括数据收集、传输、处理和展示。

❹ 熟悉搜索和聚合的基本概念，包括查询语法、过滤器、聚合函数等。

❺ 熟悉数据可视化的基本原理，了解图表类型和布局设计。

技能目标

❶ 能够安装和配置 ELK 技术栈的各个组件，并建立起一个可工作的日志管理和分析平台。

❷ 能够使用 Logstash 进行数据收集和处理，包括解析、转换、过滤和控制台输入输出等操作。

❸ 能够使用 Elasticsearch 进行数据索引和搜索，包括创建索引、执行查询和聚合操作等。

❹ 能够进行日志分析和实时监控，包括查询和过滤日志数据来进行分析和监控。

素养目标

❶ 提升社会责任，关注社会热点问题，积极参与社会公益活动，提高社会责任感。

❷ 通过 ELK 技术的学习和实践，掌握逻辑思维的基本原理和方法，运用逻辑思维分析和解决问题，提高自身的逻辑思维能力。

❸ 具备沟通和协作能力，能够与开发、运维等团队成员合作，共同构建和维护 ELK 平台。

项目描述

日志是记录特定事件、活动的记录或文档。在计算机领域中，日志通常用于记录系统或应用程序的活动，以便在出现问题时进行故障排除和分析。日志可以包含时间戳、事件描述、错误代码、警告及其他有用的信息。常见的日志类型包括系统日志、安全日志、应用程序日志和访问日志。

本项目基于 ELK 日志采集技术栈，实现日志采集、存储以及分析展示一体化解决方案。

任务一　Elasticsearch集群安装部署

Elasticsearch 简称 ES，ES 是一个开源的、高扩展的分布式全文检索引擎，它可以近乎实时地存储、检索数据。ES 本身的扩展性很好，可以扩展到上百台服务器，处理 PB 级别的数据。ES 使用 Java 开发并使用 Lucene 作为其核心来实现所有索引和搜索的功能，但 ES 也可以通过简单的 RESTful API 来隐藏 Lucene 的复杂性，从而让全文搜索变得简单。

案例导入

本案例主要是在三台服务器 node01、node02、node03 上安装 Elasticsearch，因 ES 是使用 Java 语言开发的，所以服务器需要预先安装并配置好 JDK。本案例带领大家熟悉 Linux 系统中用户的创建和权限的分配，通过本案例的实操完成对 ES 的安装部署。

任务导航

ELK 其实并不是一款软件，而是一整套解决方案，是 Elasticsearch、Logstash 和 Kibana 三款开源软件产品的首字母缩写。通常情况下这三款软件是配合使用的，而且它们又先后被归于 Elastic.co 公司名下，因此被简称为 ELK 协议栈。

Elasticsearch 是一个实时的分布式搜索和分析引擎，它可以用于全文搜索、结构化搜索以及分析。它是一个建立在全文搜索引擎 Apache Lucene 基础上的搜索引擎。Elaticsearch 的主要特点如下。

（1）实时分析。

（2）分布式实时文件存储，并将每一个字段都编入索引。

（3）文档导向，所有的对象全部是文档。

（4）高可用性，易扩展，支持集群（Cluster）、分片（Shards）和复制（Replicas）。

（5）接口友好，支持 JSON。

本任务主要是安装配置 Elasticsearch，因 Elasticsearch 不能使用 root 用户进行安装配置，所以本任务还将带领大家熟悉 Linux 系统中用户和组的管理命令，以及权限分配等相关操作。还需要对 JVM 中的参数进行配置，在 Linux 系统中对普通用户的权限进行设置，并完成 ES 服务的搭建，能够成功访问。下面让我们根据知识框架一起开始学习吧！

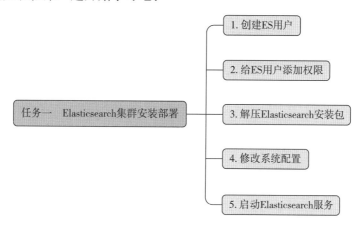

一、 创建普通用户

Elasticsearch 不能使用 Linux 系统的 root 用户来启动，必须使用普通用户来安装启动。这里我们创建一个普通用户并定义一些常规目录用于存放我们的数据文件以及安装包等。

创建一个 Elasticsearch 专门的用户 es 并新建文件夹，示例命令如下所示。

```
useradd es
mkdir -p /export/servers/es
passwd es
```

二、 为普通用户添加 sudo 权限

为让普通用户有更大的操作权限，我们一般都会给普通用户设置 sudo 权限，方便普通用户操作，三台服务器使用 root 用户执行 visudo 命令为 es 用户添加权限。示例命令如下所示。

```
visudo
```

三、 下载并上传安装包

将 Elasticsearch 的安装包下载并上传到 node01 服务器的 /home/es 路径下，然后进行解压并使用 es 用户切换到 /home/es 路径。示例命令如下所示。

```
su es
# 输入 es 用户的密码
cd /home/es/
```

四、 修改配置文件

修改 Elasticsearch 的配置文件 elasticsearch.yml。

（1）在 node01 服务器上使用 es 用户创建存放 Elasticsearch 数据和日志的目录。示例命令如下所示。

```
cd /export/servers/es/elasticsearch-6.7.0/config
mkdir -p /export/servers/es/elasticsearch-6.7.0/logs
mkdir -p /export/servers/es/elasticsearch-6.7.0/datas
rm -rf elasticsearch.yaml
```

（2）修改 node01 服务器上的配置文件 elasticsearch.yml。示例配置文件内容如下所示。

```
cluster.name: myes
node.name: node01
path.data: /export/servers/es/elasticsearch-6.7.0/datas
```

```
path.logs: /export/servers/es/elasticsearch-6.7.0/logs
network.host: 192.168.23.100
http.port: 9200
discovery.zen.ping.unicast.hosts: ["node01", "node02", "node03"]
bootstrap.system_call_filter: false
bootstrap.memory_lock: false
http.cors.enabled: true
http.cors.allow-origin: "*"
```

五、 分发安装包至其他服务器

（1）在 node01 服务器上使用 es 用户将安装包分发给其他服务器，示例命令如下所示。

```
cd /export/servers/es/
scp -r elasticsearch-6.7.0/ node02:$PWD
scp -r elasticsearch-6.7.0/ node03:$PWD
```

（2）修改 node02 服务器上的 elasticsearch.yml 配置文件，示例配置文件内容如下所示。

```
cluster.name: myes
node.name: node02
path.data: /export/servers/es/elasticsearch-6.7.0/datas
path.logs: /export/servers/es/elasticsearch-6.7.0/logs
network.host: 192.168.23.110
http.port: 9200
discovery.zen.ping.unicast.hosts: ["node01", "node02", "node03"]
bootstrap.system_call_filter: false
bootstrap.memory_lock: false
http.cors.enabled: true
http.cors.allow-origin: "*"
```

（3）修改 node03 服务器上的 elasticsearch.yml 配置文件，示例配置文件内容如下所示。

```
cluster.name: myes
node.name: node03
path.data: /export/servers/es/elasticsearch-6.7.0/datas
path.logs: /export/servers/es/elasticsearch-6.7.0/logs
network.host: 192.168.23.120
http.port: 9200
discovery.zen.ping.unicast.hosts: ["node01", "node02", "node03"]
```

151

```
bootstrap.system_call_filter: false
bootstrap.memory_lock: false
http.cors.enabled: true
http.cors.allow-origin: "*"
```

六、修改系统配置

Elasticsearch 对服务器的资源要求比较多，对内存大小、线程数等都有一定的要求。如果使用普通用户来安装 Elasticsearch 服务，且普通用户所拥有的权限不足，则在 Elasticsearch 启动时可能会产生一些问题，下面通过修改系统配置来解决这些可能产生的问题。

（一）普通用户打开文件的最大数限制

（1）使用普通用户时可能会产生打开文件数目存在限制的问题。错误信息描述如下。

```
max file descriptors [4096] for elasticsearch process likely too low, increase to at least [65536]
```

由于 Elasticsearch 需要创建大量的索引，需要多次打开系统文件，因此我们需要解除 Linux 系统中对当前打开文件最大数目的限制。

（2）分别在三台服务器上使用 es 用户执行以下命令打开配置文件。

```
sudo vi /etc/security/limits.conf
```

（3）在打开的文件中添加以下的配置（注意：* 不可以省略）。

```
* soft nofile 65536
```

（二）普通用户线程数限制

（1）使用普通用户还可能会产生启动本地线程数目存在限制的问题。错误信息描述如下。

```
max number of threads [1024] for user [es] likely too low, increase to at least [4096]
max number of threads [1024] for user [es] likely too low, increase to at least [4096]
```

由于普通用户最大可创建线程数太少，Elasticsearch 无法创建本地线程。我们可以通过修改 90-nproc.conf 配置文件来解决普通用户启动线程数量少的问题。

（2）分别在三台服务器上使用 es 用户执行以下命令打开配置文件。

```
sudo vi /etc/security/limits.d/90-nproc.conf
```

（3）在打开的文件中添加以下的配置（注意：* 不可以省略）。

```
* soft nproc 1024
```

（三）普通用户的虚拟内存不足

（1）使用普通用户时还可能会面临虚拟内存不足的问题。错误信息描述如下。

```
max virtual memory areas vm.max_map_count [65530] likely too low, increase to at least [262144]
```

（2）普通用户在使用 Elasticsearch 时分配的虚拟内存较少，因此需要在每次启动时指定虚拟内存容量。示例命令如下所示。

```
sudo  sysctl -w vm.max_map_count=262144
```

以上三个问题解决后，需要重新连接 secureCRT 或者 Xshell 才能生效。

七、 启动 Elasticsearch 服务

在三台服务器上使用 es 用户执行以下命令启动 Elasticsearch 服务。

```
su es
nohup /export/servers/es/elasticsearch-6.7.0/bin/elasticsearch 2>&1 &
```

八、 任务实践

在三台机器上启动 Elasticsearch 服务，并验证 Elasticsearch 是否能正常访问。

（1）在 node01 服务器上启动 Elasticsearch 服务，示例命令如下所示。

ElasticSearch 服务
启动和访问

```
[root@node01 softwares]# su es
[es@node01 softwares]$ nohup /export/servers/es/elasticsearch-6.7.0/bin/
elasticsearch 2>&1 &
[1] 19559
```

（2）在 node02 服务器上启动 Elasticsearch 服务并验证是否启动成功，示例命令如下所示。

```
[root@node02 softwares]# su es
[es@node02 softwares]$ nohup /export/servers/es/elasticsearch-6.7.0/bin/elasticsearch 2>&1 &
[1] 19559
[es@node02 softwares]$ jps
19620 Jps
19559 Elasticsearch
```

（3）在 node03 服务器上启动 Elasticsearch 服务并验证是否启动成功，示例命令如下所示。

```
[root@node03 es]# su es
[es@node03 es]$ nohup /export/servers/es/elasticsearch-6.7.0/bin/elasticsearch 2>&1 &
[1] 18814
[es@node03 es]$ jps
```

```
18876 Jps
18814 Elasticsearch
```

Elasticsearch 启动成功后，访问页面 http://xxxxx01:9200/?pretty 能够看到 Elasticsearch 服务的信息，具体运行效果如图 4-1-1 所示。

```
Tags · alibaba/canal · GitHub    ×    node01:9200/?pretty    ×    +

←  →  C    ⚠ 不安全 | node01:9200/?pretty

百度一下，你就知道    报账人门户    Maven Repository    ApacheMirrors    产教融合信息服务

{
  "name" : "node01",
  "cluster_name" : "myes",
  "cluster_uuid" : "zKqAdOo4Tpy6PGQ8K8RzhQ",
  "version" : {
    "number" : "6.7.0",
    "build_flavor" : "default",
    "build_type" : "tar",
    "build_hash" : "8453f77",
    "build_date" : "2019-03-21T15:32:29.844721Z",
    "build_snapshot" : false,
    "lucene_version" : "7.7.0",
    "minimum_wire_compatibility_version" : "5.6.0",
    "minimum_index_compatibility_version" : "5.0.0"
  },
  "tagline" : "You Know, for Search"
}
```

图 4-1-1　Elasticsearch 服务运行效果

━━━━━━ 巩/固/与/提/高 ━━━━━━

什么是 Elasticsearch，它的主要用途是什么？

在线测试 14

任务二　elasticsearch-head和Kibana的安装

elasticsearch-head 是一个用于管理和监控 Elasticsearch 集群的 Web 界面插件。它提供了一个可以通过浏览器访问的直观的用户界面，借助该插件可以方便地查看和操作 Elasticsearch 集群。同 elasticsearch-head 类似，Kibana 是一个开源的分析与可视化平台，用于和 Elasticsearch 一起工作。用户可以使用 Kibana 搜索、查看存储在 Elasticsearch 索引中的数据，还能和数据进行交互，借助它也可以轻松地实现高级数据分析。

案例导入

elasticsearch-head 和 Kibana 都是 Elasticsearch 的可视化管理界面插件，它们具有不同的功能。在真实的企业环境中，应根据企业实际的需求选择合适的插件。通过本案例的学习和操作让大家对这两个插件的配置和使用有进一步的认识。

任务导航

本任务主要是在任务一的基础上部署、配置 elasticsearch-head 和 Kibana 插件，并查看 index、type 以及其他的信息，为后续任务的学习打下基础。下面让我们根据知识框架一起开始学习吧！

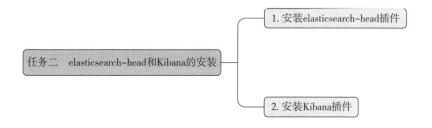

一、　安装 elasticsearch-head 插件

由于 Elasticsearch 的管理界面并不友好，为了更好地查看索引库当中的信息，可以通过安装 elastic-search-head 插件来实现，这个插件可以更方便快捷地看到 Elasticsearch 的相关信息。

（一）在 node01 服务器上部署 Node.js

（1）在 node01 服务器上下载 Node.js 安装包并解压。示例命令如下所示。

```
cd /home/es
wget https://npm.taobao.org/mirrors/node/v8.1.0/node-v8.1.0-linux-x64.tar.gz
tar -zxvf node-v8.1.0-linux-x64.tar.gz -C /export/servers/es/
```

（2）创建软链接。示例命令如下所示。

```
ln -s /export/servers/es/node-v8.1.0-linux-x64/lib/node_modules/npm/bin/npm-cli.js /usr/local/bin/npm
ln -s /export/servers/es/node-v8.1.0-linux-x64/bin/node /usr/local/bin/node
```

（3）修改环境变量。示例命令如下所示。

```
vim /etc/profile
```

①在打开的配置文件中添加以下内容。

```
export NODE_HOME=/export/servers/es/node-v8.1.0-linux-x64
export PATH=:$PATH:$NODE_HOME/bin
```

②修改完毕之后，使用 source 命令让环境变量生效，示例命令如下所示。

```
source /etc/profile
```

（4）验证 Node.js 是否安装成功，如果安装成功可以看到对应的 node 的版本和 npm 的版本，验证结果如图 4-2-1 所示。示例命令如下所示。

```
node -v
npm -v
```

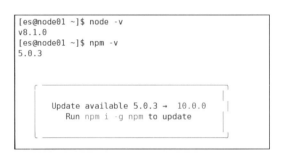

图 4-2-1　Node.js 验证结果

（二）在 node01 服务器上安装 elasticsearch-head 插件

（1）上传安装包。

将已下载的安装包 elasticsearch-head-compile-after.tar.gz 上传到 node01 服务器的 /home/es 路径。

（2）解压安装包。示例命令如下所示。

```
cd /home/es/
tar -zxvf elasticsearch-head-compile-after.tar.gz -C /export/servers/es/
```

（3）修改 Gruntfile.js 文件。

①切换到 elasticsearch-head 目录下并打开 Gruntfile.js 文件，示例命令如下所示。

```
cd /export/servers/es/elasticsearch-head
vim Gruntfile.js
```

②在 Gruntfile.js 文件中添加一行代码，修改的配置文件内容如下所示。

```
connect: {
    server: {
        options: {
            hostname: "192.168.23.100",
            port: 9100,
            base: ".",
            keepalive: true
        }
    }
}
```

（4）使用 vim 在 node01 服务器上修改 app.js 文件中对应的 http 访问位置，将其中的"http://local-host:9200"改为"http://node01:9200"，修改后的文件如图 4-2-2 所示。示例命令如下所示。

```
cd /export/servers/es/elasticsearch-head/_site
# 编辑配置文件 (vim app.js)
# 更改前: http://localhost:9200

# 更改后: http://node01:9200
```

```
(function( app, i18n ) {

    var ui = app.ns("ui");
    var services = app.ns("services");

    app.App = ui.AbstractWidget.extend({
        defaults: {
            base_uri: null
        },
        init: function(parent) {
            this._super();
            this.prefs = services.Preferences.instance();
            this.base_uri = this.config.base_uri || this.prefs.get("app-base_uri") || "http://node01:9200";
            if( this.base_uri.charAt( this.base_uri.length - 1 ) !== "/" ) {
                // XHR request fails if the URL is not ending with a "/"
                this.base_uri += "/";
            }
            if( this.config.auth_user ) {
                var credentials = window.btoa( this.config.auth_user + ":" + this.config.auth_password );
                $.ajaxSetup({
                    headers: {
                        "Authorization": "Basic " + credentials
                    }
                });
            }
            this.cluster = new services.Cluster({ base_uri: this.base_uri });
            this._clusterState = new services.ClusterState({
                cluster: this.cluster
            });
```

图 4-2-2　修改后的 app.js 文件

（5）在 node01 服务器上启动与关闭 elasticsearch-head 服务，Elasticsearch 并没有提供启动和关闭其服务的命令，这里我们使用 kill 命令直接结束对应的进程即可，示例命令如下所示，查看进程和杀死进程如图 4-2-3 所示。

```
#node01 启动 elasticsearch-head 插件
cd /export/servers/es/elasticsearch-head/node_modules/grunt/bin/
```

```
#进程前台启动命令
./grunt server
#进程后台启动命令
nohup ./grunt server >/dev/null 2>&1 &
#停止 elasticsearch-head 进程，找到 elasticsearch-head 的插件进程，然后使用 kill  -9 杀死进程
netstat -nltp | grep 9100
kill -9 8328
```

```
[es@node01 bin]$ netstat -nltp | grep 9100
(Not all processes could be identified, non-owned process info
 will not be shown, you would have to be root to see it all.)
tcp        0      0 192.168.23.100:9100      0.0.0.0:*              LISTEN      1535/grunt
```

图 4-2-3　查看进程和杀死进程

二、 安装 Kibana

Kibana 是一个开源的分析和可视化平台，用于和 Elasticsearch 一起工作。本任务使用 es 用户在 node01 服务器上部署 Kibana。

（一）安装准备

在 node01 服务器上使用 es 用户下载 Kibana 安装包并解压，示例命令如下所示。

```
cd /home/es
wget https://artifacts.elastic.co/downloads/kibana/kibana-6.7.0-linux-x86_64.tar.gz
tar -zxf kibana-6.7.0-linux-x86_64.tar.gz -C /export/servers/es/
```

（二）修改配置文件

切换到 Kibana 的 config 目录下，使用 vim 编辑器打开配置文件，示例命令如下所示。

```
cd /export/servers/es/kibana-6.7.0-linux-x86_64/config/
vim vikibana.yml
```

在该配置文件中添加以下内容。

```
server.host: "node03"
elasticsearch.hosts: ["http://node03:9200"]
```

（三）启动服务

在 node01 服务器上使用 es 用户执行命令启动 Kibana 服务，示例命令如下所示。

```
cd /export/servers/es/kibana-6.7.0-linux-x86_64
nohup bin/kibana>/dev/null 2>&1 &
```

 三、任务实践

（一）访问 elasticsearch-head

后台运行 elasticsearch-head 插件，示例命令如下。在浏览器上访问 http://192.
168.23.100:9100/，访问成功如图 4-2-4 所示。

elasticsearch-head
插件和 Kibana 服务
启动和访问

```
[es@node01 kibana-6.7.0-linux-x86_64]$ cd /export/servers/es/elasticsearch-head/node_
modules/grunt/bin/
    [es@node01 kibana-6.7.0-linux-x86_64]$ nohup /export/servers/es/elasticsearch-6.7.0/bin/
elasticsearch 2>&1 &
```

图 4-2-4　访问 elasticsearch-head 成功

（二）浏览器访问 Kibana

在后台运行 Kibana 服务，示例命令如下所示。浏览器访问 http://xxxxx01:5601 的效果如图 4-2-5
所示。

```
cd /export/servers/es/kibana-6.7.0-linux-x86_64
nohup bin/kibana>/dev/null 2>&1 &&&
```

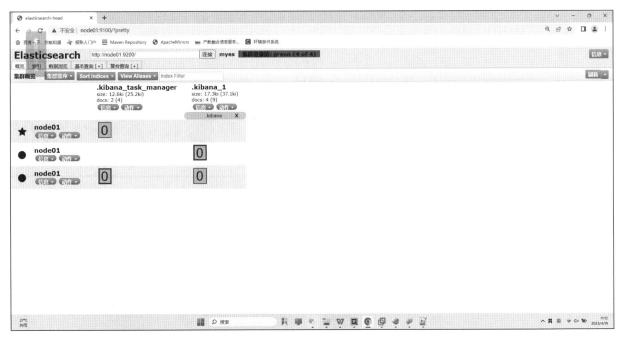

图 4-2-5　浏览器访问效果

巩／固／与／提／高

1. 如何使用 Kibana 进行数据可视化和仪表盘的创建？
2. 如何在 Kibana 中进行日志分析和实时监控？

在线测试 15

任务三　Elasticsearch的Index和Document操作

案例导入

本案例是在成功安装 Kibana 的基础上掌握对 Elasticsearch 中的索引和文档的基本操作，通过本案例的学习可以让我们学会索引的创建、查看、删除以及文档的创建、查看等基本的操作。

任务导航

本任务主要内容包括索引的创建和查看、文档的创建和查看以及使用 Kibana 工具。下面让我们根据知识框架一起开始学习吧！

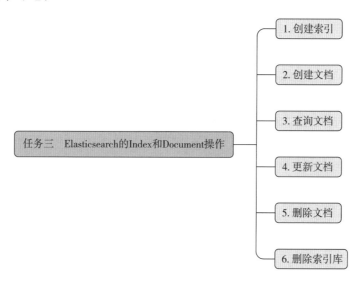

一、使用 Kibana 操作 Index 和 Document

（一）创建索引

在 Kibana 的 Dev Tools 中执行以下代码可以创建索引，索引类似于一个数据库，创建索引如图 4-3-1 所示。

```
PUT /xuanyuan_index_1/?pretty
```

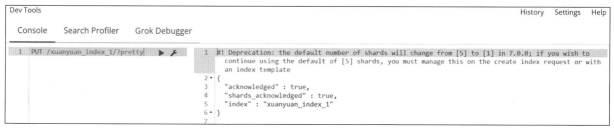

图 4-3-1　创建索引运行结果

（二）创建文档

在添加索引 xuanyuan_index_1 成功的基础上，在 Kibana 的命令窗口中使用 PUT 命令可以创建文档，示例代码如下所示，运行结果如图 4-3-2 所示。

```
PUT /xuanyuan_index_1/article/1001
{
"id": "1",
"title": "Journey to the West"
}
```

图 4-3-2　创建文档运行结果

（三）查询文档

在 Kibana 中使用 GET 命令可以根据文档的 id 实现对文档的查询，示例代码如下所示，运行结果如图 4-3-3 所示。

```
GET /xuanyuan_index_1/article/1001/?pretty
```

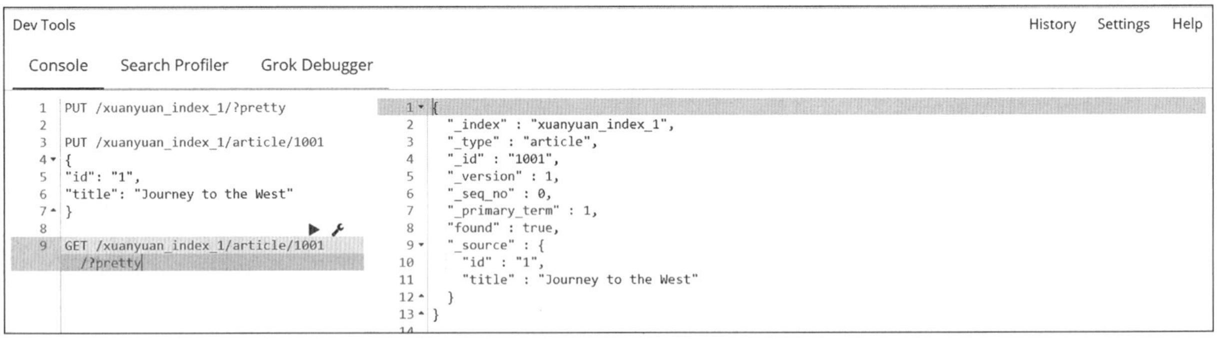

图 4-3-3　查询文档运行结果

（四）更新文档

在 Kibana 中使用 PUT 命令可以对文档进行更新操作，其中 Elasticsearch 索引库会检查文档 id，如果存在，就执行更新操作；如果不存在，就执行新增文档操作，示例代码如下所示，运行结果如图 4-3-4 所示。

```
PUT /xuanyuan_index_1/article/1001
{
"id": "1",
"title": "The Dream of Red Mansion"
}
```

Dev Tools　　　　　　　　　　　　　　　　　　　　　　　　History　Settings　Help

Console　　Search Profiler　　Grok Debugger

```
1   PUT /xuanyuan_index_1/?pretty              1 ▾ {
2                                               2     "_index" : "xuanyuan_index_1",
3   PUT /xuanyuan_index_1/article/1001          3     "_type" : "article",
4 ▾ {                                           4     "_id" : "1001",
5   "id": "1",                                  5     "_version" : 2,
6   "title": "Journey to the West"              6     "_seq_no" : 1,
7 ▴ }                                           7     "_primary_term" : 1,
8                                               8     "found" : true,
9   GET /xuanyuan_index_1/article/1001          9 ▾   "_source" : {
       /?pretty                                10         "id" : "1",
10                                             11         "title" : "The Dream of Red Mansion"
11  PUT /xuanyuan_index_1/article/1001         12 ▴   }
12 ▾ {                                         13 ▴ }
13  "id": "1",                                 14
14  "title": "The Dream of Red Mansion"
15 ▴ }
```

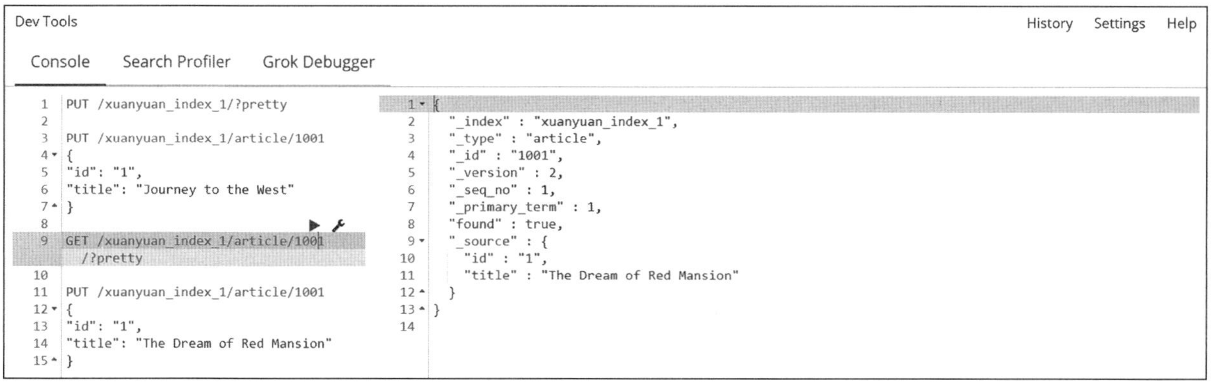

图 4-3-4　更新文档运行结果

（五）删除文档

在 Kibana 中使用 DELETE 命令可以根据文档 id 对文档进行删除操作，示例代码如下所示，运行结果如图 4-3-5 所示。

```
DELETE /xuanyuan_index_1/article/1001
```

Dev Tools　　　　　　　　　　　　　　　　　　　　　　　　History　Settings　Help

Console　　Search Profiler　　Grok Debugger

```
1   PUT /xuanyuan_index_1/?pretty              1 ▾ {
2                                               2     "_index" : "xuanyuan_index_1",
3   PUT /xuanyuan_index_1/article/1001          3     "_type" : "article",
4 ▾ {                                           4     "_id" : "1001",
5   "id": "1",                                  5     "_version" : 3,
6   "title": "Journey to the West"              6     "result" : "deleted",
7 ▴ }                                           7 ▾   "_shards" : {
8                                               8         "total" : 2,
9   GET /xuanyuan_index_1/article/1001          9         "successful" : 2,
       /?pretty                                10         "failed" : 0
10                                             11 ▴   },
11  PUT /xuanyuan_index_1/article/1001         12     "_seq_no" : 2,
12 ▾ {                                         13     "_primary_term" : 1
13  "id": "1",                                 14 ▴ }
14  "title": "The Dream of Red Mansion"        15
15 ▴ }
16
17  DELETE  /xuanyuan_index_1/article/1001
```

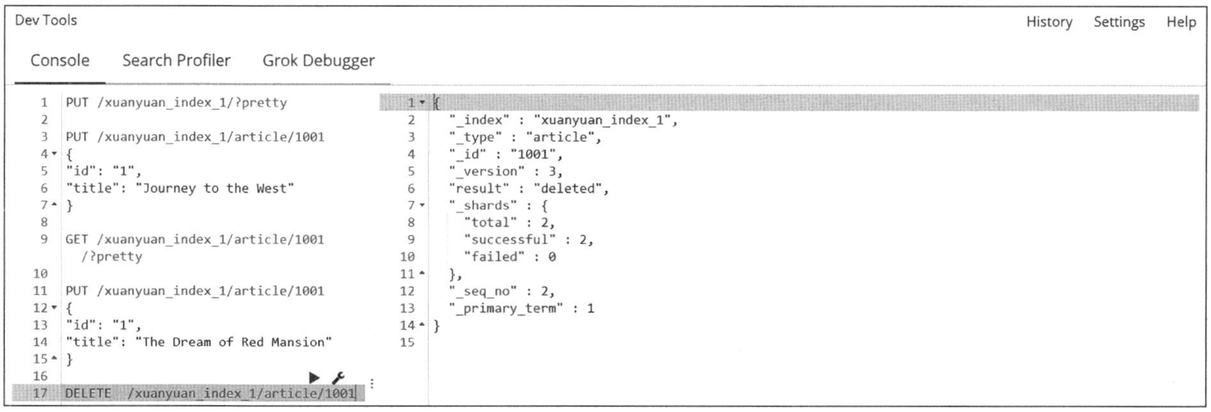

图 4-3-5　删除文档运行结果

（六）删除索引库

DELETE 命令不仅可以根据文档 id 对文档进行删除操作，还可以使用该命令实现对索引库的删除，示例代码如下所示，运行结果如图 4-3-6 所示。

```
DELETE http://node01:9200/blog01?pretty
```

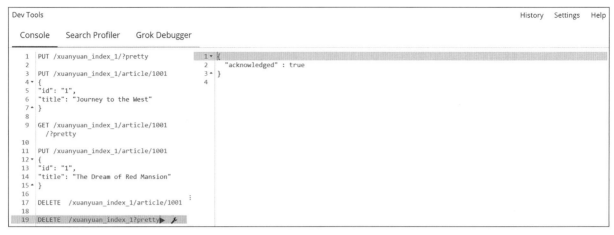

图 4-3-6 删除索引库运行结果

二、 任务实践

本任务基于已经完成的 Elasticsearch 和 Kibana 安装，在安装好的环境上进一步通过对 Elasticsearch 中的索引和文档操作，加深对其概念的理解。该任务实践主要是对索引进行基本操作。通过该任务实践，可以让同学们更深刻地理解 Elasticsearch 中的相关名词和概念。Kibana 对索引和文档进行操作的具体步骤如上述，这里不再赘述。

Kibana 操作 Index
和 Document

———— 巩/固/与/提/高 ————

如何在 Elasticsearch 中创建一个新的索引并定义其映射？

在线测试 16

任务四 Elasticsearch的查询操作

查询是指搜寻检索，包括从文件当中检索、从网站内部搜索等。

案例导入

本案例主要是通过 Kibana 工具实现对 Elasticsearch 服务器的各种查询操作，包括全部查询、范围查询，为以后工作中处理不同的业务需求奠定基础。

任务导航

本任务主要是在 Elasticsearch 服务运行的基础上，使用 Kibana 工具实现对文档的各种查询操作。下面让我们根据知识框架一起开始学习吧！

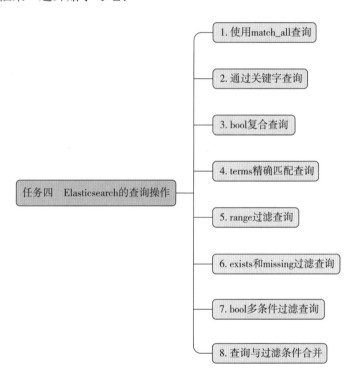

任务四 Elasticsearch的查询操作

1. 使用match_all查询
2. 通过关键字查询
3. bool复合查询
4. terms精确匹配查询
5. range过滤查询
6. exists和missing过滤查询
7. bool多条件过滤查询
8. 查询与过滤条件合并

一、使用 Kibana 实现对文档的查询操作

（一）构建索引库批量添加数据

登录 Kibana 管理页面，构建索引库批量添加一些数据，示例代码如下所示。

```
POST /school/xuanyuan_student1/_bulk
{"index": {"_index": "school","_id": 1}}
{ "name" : "liubei", "age" : 20 , "sex": "boy", "birth": "1996-01-02" , "about": "i like diaochan he girl" }
{"index": {"_index": "school","_id": 2}}
{ "name" : "guanyu", "age" : 21 , "sex": "boy", "birth": "1995-01-02" , "about": "i like diaocan" }
{"index": {"_index": "school","_id": 3}}
{ "name" : "zhangfei", "age" : 18 , "sex": "boy", "birth": "1998-01-02" , "about": "i like travel" }
{"index": {"_index": "school","_id": 4}}
{ "name" : "diaocan", "age" : 20 , "sex": "girl", "birth": "1996-01-02" , "about": "i like travel
and sport" }
{"index": {"_index": "school","_id": 5}}
{ "name" : "panjinlian", "age" : 25 , "sex": "girl", "birth": "1991-01-02" , "about": "i like travel
and wusong" }
{"index": {"_index": "school","_id": 6}}
{ "name" : "caocao", "age" : 30 , "sex": "boy", "birth": "1988-01-02" , "about": "i like xiaoqiao" }
{"index": {"_index": "school","_id": 7}}
{ "name" : "zhaoyun", "age" : 31 , "sex": "boy", "birth": "1997-01-02" , "about": "i like travel
and music" }
{"index": {"_index": "school","_id": 8}}
{ "name" : "xiaoqiao", "age" : 18 , "sex": "girl", "birth": "1998-01-02" , "about": "i like caocao" }
{"index": {"_index": "school","_id": 9}}
{ "name" : "daqiao", "age" : 20 , "sex": "girl", "birth": "1996-01-02" , "about": "i like travel
and history" }
```

执行结果如图 4-4-1 所示。

图 4-4-1　Kibana 批量添加数据的执行结果

（二）使用 match_all 查询

使用 match_all 查询的示例代码如下所示。

```
GET /school/xuanyuan_student1/_search?pretty
{
    "query": {
        "match_all": {}
    }
}
```

使用 match_all 匹配会把所有的数据检索出来，但是往往真正的业务需求并非要找全部的数据，而是仅需要检索自己想要的数据。对于 Elasticsearch 集群来说，直接检索全部的数据很容易造成 Java 的 GC（垃圾回收）。所以，学会高效地检索数据是必要的。

match_all 查询所有数据的执行结果如图 4-4-2 所示。

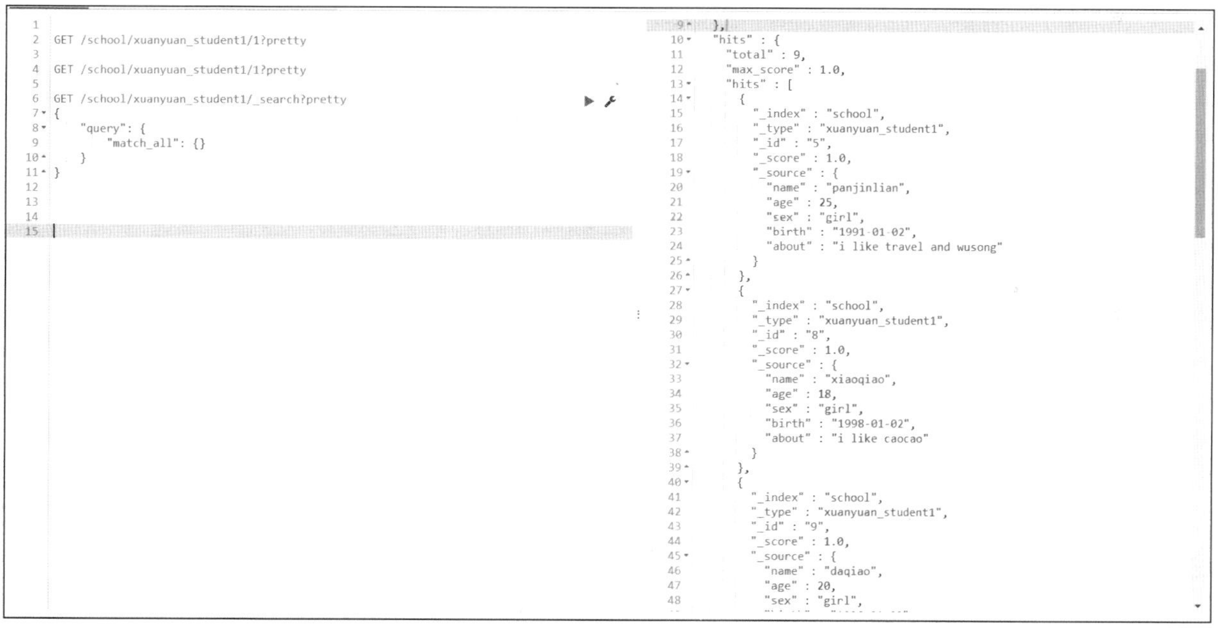

图 4-4-2　match_all 查询所有数据的执行结果

（三）通过关键字查询

通过关键字查询的示例代码如下所示，执行结果如图 4-4-3 所示。

```
GET /school/student/_search?pretty
{
    "query": {
```

```
        "match": {"about": "travel"}
    }
}
```

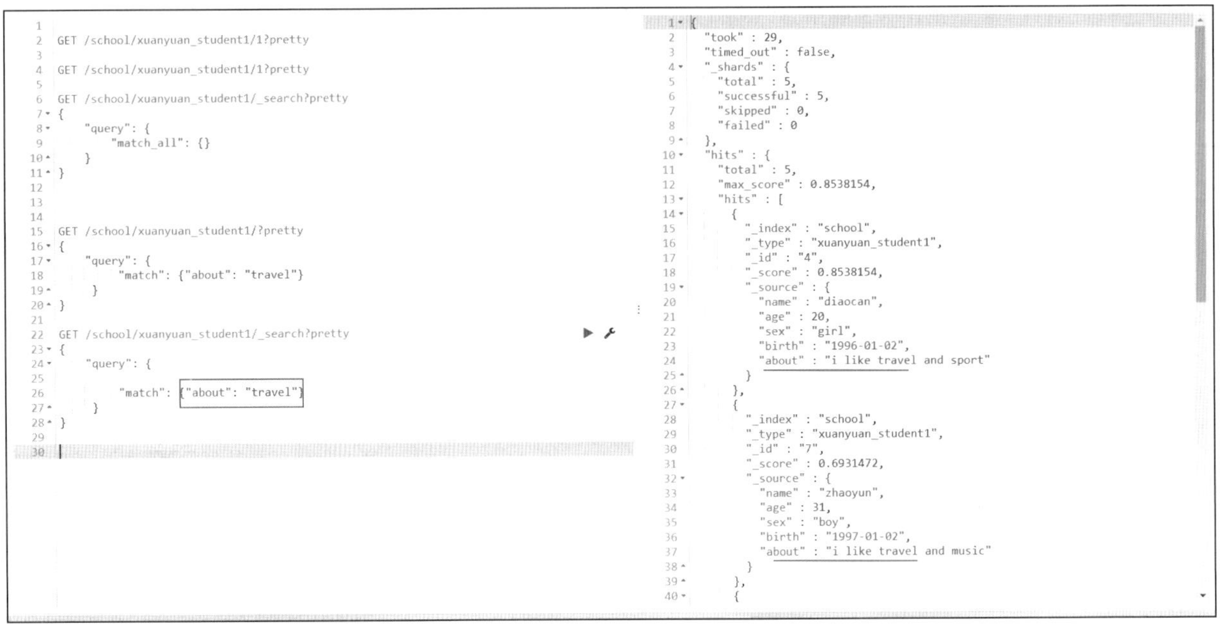

图 4-4-3　根据关键字查询的执行结果

（四）bool 复合查询

当出现多个查询语句组合的时候，可以用 bool 复合查询。bool 复合查询支持的子查询类型共有 4
种，分别是 must、should、must_not 和 filter。

例 4-4-1：查询非男性中喜欢旅行的人，示例代码如下所示，执行结果如图 4-4-4 所示。

```
GET /school/xuanyuan_student1/_search?pretty
{
    "query": {
        "bool": {
            "must": { "match": {"about": "travel"}},
            "must_not": {"match": {"sex": "boy"}}
        }
    }
}
```

should 表示可有可无，如果 should 匹配到了就展示，否则就不展示。

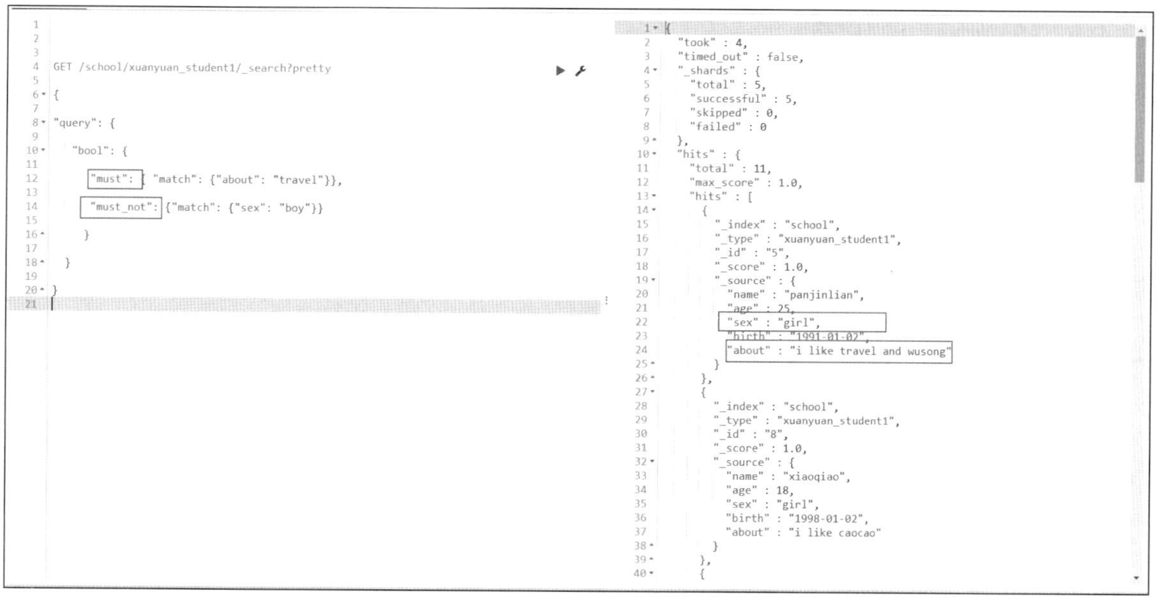

图 4-4-4 must 查询的执行结果

例 4-4-2：查询喜欢旅行的，如果有男性的则显示，否则不显示，示例代码如下所示，执行结果如图 4-4-5 所示。

```
GET /school/xuanyuan_student1/_search?pretty
{
"query": {
    "bool": {
            "must": { "term": {"about": "travel"}},
            "should": {"term": {"sex": "boy"}}
        }}
}
```

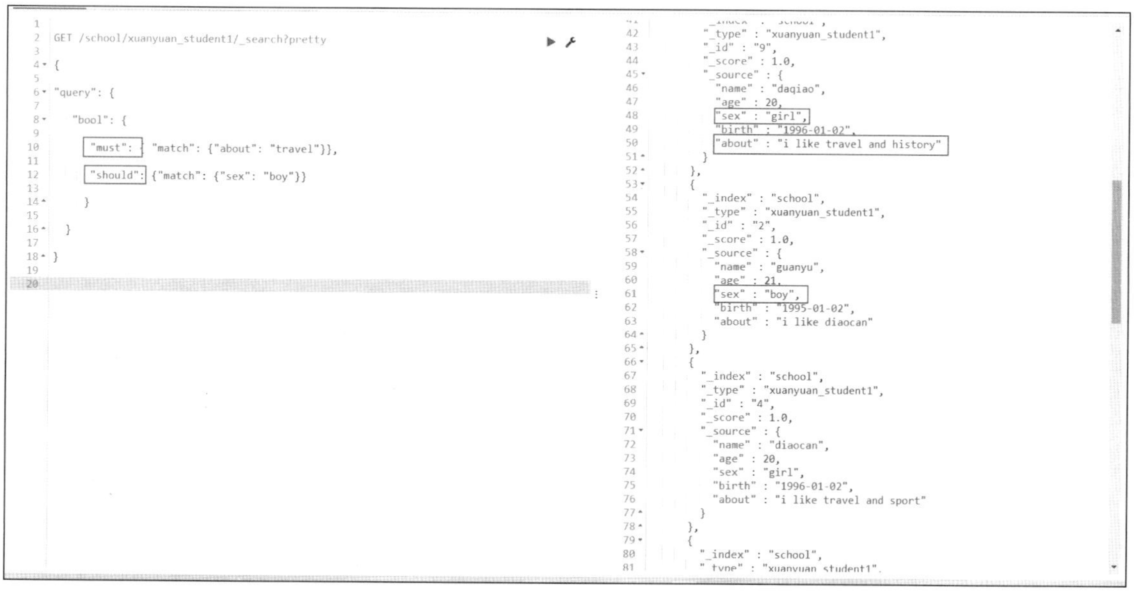

图 4-4-5 should 查询的执行结果

（五）terms 精确匹配查询

使用 term 可以进行精确匹配查询，匹配的类型可以是数字、日期、布尔值或未经分析的文本数据。

例 4-4-3：查询喜欢旅行的人，示例代码如下所示，执行结果如图 4-4-6 所示。

```
GET /school/student/_search?pretty
{
"query": {
    "bool": {
            "must": { "terms": {"about": ["travel","history"]}}
        }
    }
}
```

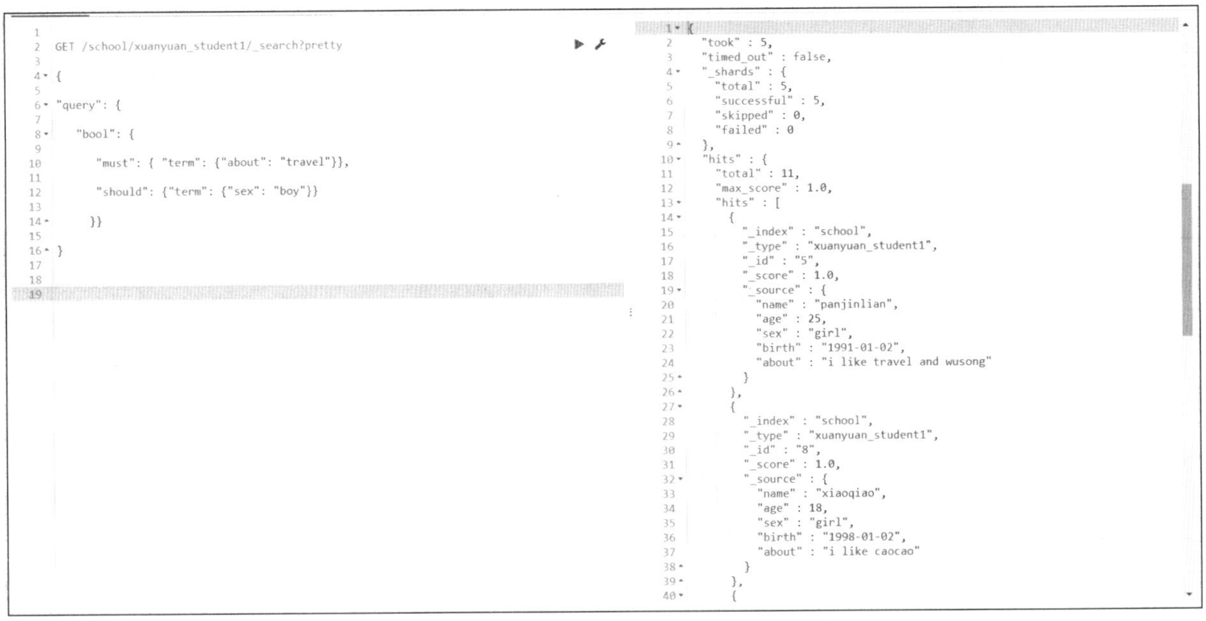

图 4-4-6   terms 精确匹配查询的执行结果

例 4-4-4：使用 terms 匹配多个值，示例代码如下所示，执行结果如图 4-4-7 所示。

```
GET /school/student/_search?pretty
{
"query": {
    "bool": {
            "must": { "terms": {"about": ["travel","history"]}}
        }
    }
}
```

图 4-4-7　terms 匹配多个值查询的执行结果

（六）range 过滤查询

查询指定操作范围时会用到一些特殊的符号，如 gt、gae、lt、lte。其中 gt 表示大于，gae 表示大于等于，lt 表示小于，lte 表示小于等于。

例 4-4-5：查找年龄大于 20 岁，小于等于 25 岁的学生，示例代码如下所示，执行结果如图 4-4-8 所示。

```
GET /school/student/_search?pretty
{
"query": {
    "range": {
        "age": {"gt":20,"lte":25}
            }
        }
}
```

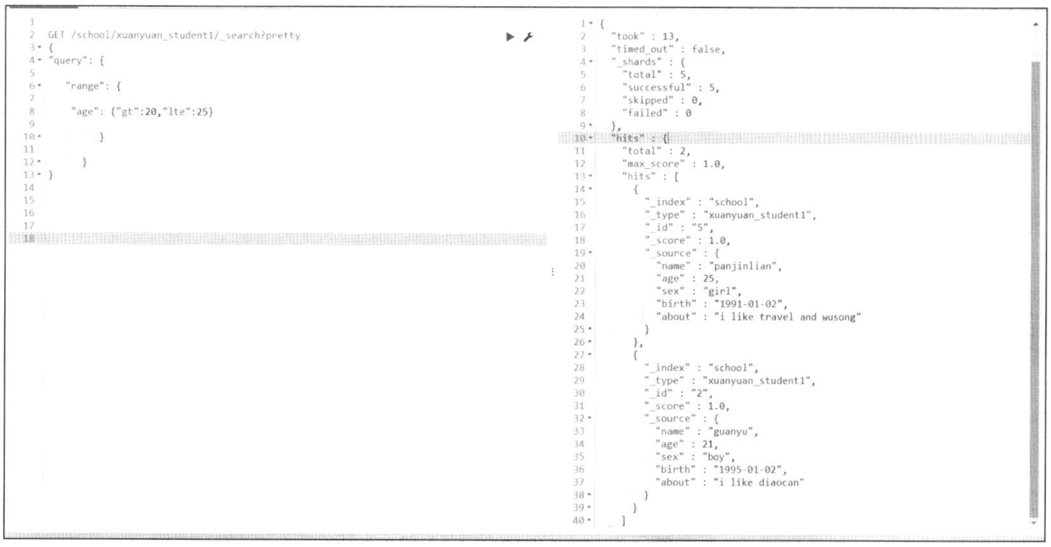

图 4-4-8　range 过滤查询的执行结果

（七）exists 和 missing 过滤查询

exists 和 missing 过滤可以查找文档中是否包含某个字段。

例 4-4-6：查找包含 age 字段的文档，示例代码如下所示，执行结果如图 4-4-9 所示。

```
GET /school/student/_search?pretty
{
"query": {
    "exists": {
        "field": "age"
            }
        }
}
```

图 4-4-9　exists 和 missing 过滤查询的执行结果

（八）bool 多条件过滤查询

例 4-4-7：使用 bool 多条件过滤查询 about 字段包含 travel 并且年龄大于 20 岁小于 30 岁的同学，示例代码如下所示，执行结果如图 4-4-10 所示。

```
GET /school/student/_search?pretty
{
    "query": {
        "bool": {
            "must": [
                {"term": {
```

```
                "about": {
                    "value": "travel"
                }
            }},{"range": {
                "age": {
                    "gte": 20,
                    "lte": 30
                }
            }}
        ]
    }
}
}
```

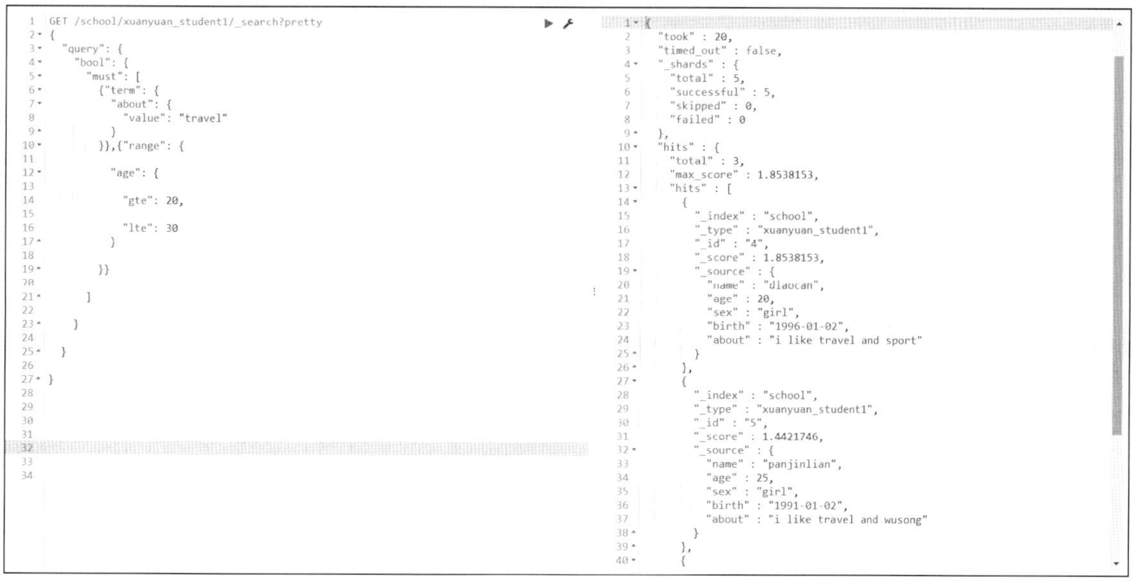

图 4-4-10　bool 多条件过滤查询的执行结果

（九）查询与过滤条件合并

例 4-4-8：查询喜欢旅行的人并且年龄是 20 岁，示例代码如下所示，执行结果如图 4-4-11 所示。

```
GET /school/student/_search?pretty
{
    "query": {
        "bool": {
            "must": {"match": {"about": "travel"}},
            "filter": [{"term":{"age": 20}}]
```

```
            }
        }
    }
```

```
1
2    GET /school/xuanyuan_student1/_search?pretty
3
4 ▾ {
5       "query": {
6 ▾
7 ▾      "bool": {
8 ▾
9
10         "must": {"match": {"about": "travel"}},
11
12         "filter": [{"term":{"age": 20}}]
13
14 ▾      }
15
16 ▾   }
17
18 ▾ }
19
20
21
22
23
24
25
26
```

```
1 ▾ {
2       "took" : 5,
3       "timed_out" : false,
4 ▾    "_shards" : {
5           "total" : 5,
6           "successful" : 5,
7           "skipped" : 0,
8           "failed" : 0
9       },
10 ▾   "hits" : {
11         "total" : 11,
12         "max_score" : 1.0,
13         "hits" : [
14 ▾        {
15              "_index" : "school",
16              "_type" : "xuanyuan_student1",
17              "_id" : "5",
18              "_score" : 1.0,
19 ▾           "_source" : {
20                 "name" : "panjinlian",
21                 "age" : 25,
22                 "sex" : "girl",
23                 "birth" : "1991-01-02",
24                 "about" : "i like travel and wusong"
25              }
26 ▾        },
27 ▾        {
28              "_index" : "school",
29              "_type" : "xuanyuan_student1",
30              "_id" : "8",
31              "_score" : 1.0,
32 ▾           "_source" : {
33                 "name" : "xiaoqiao",
34                 "age" : 18,
35                 "sex" : "girl",
36                 "birth" : "1998-01-02",
37                 "about" : "i like caocao"
38              }
39 ▾        },
40 ▾        {
```

图 4-4-11 查询与过滤条件合并的执行结果

二、任务实践

Elasticsearch 的
查询操作

　　该任务主要基于已经安装好的 Elasticsearch 服务进行高级查询，读者可以根据自己的需要构建索引库和文档，并进行各种查询操作。该任务实践具体分为两大步骤，第一个步骤主要进行数据的准备，第二个步骤在准备的数据的基础上进行各种查询操作，其中包括关键字查询、range 查询、bool 查询等，具体的操作步骤如上述，大家可自行下去练习，这里不再赘述。

巩/固/与/提/高

　　思考如何在 Elasticsearch 中进行模糊搜索？

在线测试 17

任务五　Logstash插件的安装和使用

Logstash 就是一根具备实时数据传输能力的管道，负责将数据信息从管道的输入端传输到管道的输出端。Logstash 支持在管道中添加滤网，它提供了很多功能强大的滤网，可以满足各种应用场景。Logstach 采用 Ruby 语言编写，它的主要特点如下。

（1）几乎可以访问任何数据。

（2）可以和多种外部应用结合。

（3）支持弹性扩展。

Logstash 的工作流程分为 input、filter、output 三个部分。其中 input 部分负责采集数据，filter 负责实时解析和转换数据，output 负责数据输出。

案例导入

本案例主要完成 Logstash 工具的部署、配置、服务管理，以及使用内置插件采集数据。

任务导航

本任务主要是介绍实时数据传输的日志采集框架 Logstash，完成对 Logstash 工具的部署配置，以及使用内置插件完成对数据的采集。下面让我们根据知识框架一起开始学习吧！

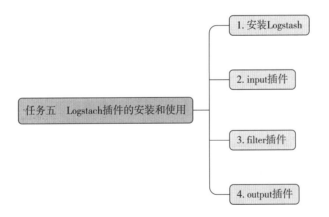

一、安装 Logstash

安装 Logstash 的示例命令如下所示。

```
cd /home/es
wget https://artifacts.elastic.co/downloads/logstash/logstash-6.7.0.tar.gz
# 解压
tar -zxf logstash-6.7.0.tar.gz -C /export/servers/es/
```

二、 stdin 标准输入和 stdout 标准输出

使用 stdin 标准输入和 stdout 输出组件，实现将数据从控制台输入和从控制台输出，示例命令如下所示，运行效果如图 4-5-1 所示。

```
cd /export/servers/es/logstash-6.7.0/
bin/logstash -e 'input{stdin{}}output{stdout{codec=>rubydebug}}'
```

```
/export/servers/es/logstash-6.7.0/vendor/bundle/jruby/2.5.0/gems/awesome_print-1.7.0/
{
        "host" => "node01",
     "message" => "",
    "@version" => "1",
  "@timestamp" => 2023-09-03T04:07:50.702Z
}

{
        "host" => "node01",
     "message" => "",
    "@version" => "1",
  "@timestamp" => 2023-09-03T04:08:30.433Z
}
```

图 4-5-1 stdin 标准输入和 stdout 标准输出运行效果

三、 监控日志文件变化

Logstash 使用一个名叫 FileWatch 的 Ruby Gem 库来监听日志文件变化。这个库支持 glob 展开文件路径，并且记录以 ".sincedb" 为结尾的数据库文件来跟踪被监听日志文件的当前读取位置。

（1）切换到配置文件目录下，示例命令如下所示。

```
cd /export/servers/es/logstash-6.7.0/config
```

（2）编辑 monitor_file.conf 配置文件，示例配置文件内容如下所示。

```
input{
file{
path =>"/export/servers/es/datas/tomcat.log"
type =>"log"
start_position =>"beginning"
}
}
output{
stdout{
codec=>rubydebug
}
}
```

（3）检查配置文件是否可用，示例命令如下所示。

```
cd /export/servers/es/logstash-6.7.0/
bin/logstash -f /export/servers/es/logstash-6.7.0/config/monitor_file.conf -t
```

（4）启动服务，示例命令如下所示。

```
cd /export/servers/es/logstash-6.7.0
bin/logstash -f /export/servers/es/logstash-6.7.0/config/monitor_file.conf
```

（5）发送数据，示例命令如下所示。

```
mkdir -p /export/servers/es/datas
echo "hello logstash">> /export/servers/es/datas/tomcat.log
```

命令中相关参数的说明如下所示。

Path=>：表示监控的日志文件路径。

Type=>：标记类型，用来区分不同的文件类型。

Start_postion=> ：表示从哪里开始记录文件，默认是从结尾开始记录。如果是从起始导入一个文件，就需要改成"beginning"。

discover_interval=>：表示监听 path 下是否有文件的监听间隔，默认是 15s。

exclude=>：排除文件。

close_older=> ：一个已经在监听的文件，如果超过规定的时间没有更新内容，就关闭监听这个文件，默认是 3600 秒，即一个小时。

sincedb_path=> ：表示监控库存放位置（默认的读取文件信息记录在哪个文件中）。默认在 /data/plugins/inputs/file 目录下。

sincedb_write_interval=>logstash：表示每隔多久写一次 sincedb 文件，默认是 15s。

stat_interval=>logstash：表示每隔多久检查一次被监听文件的状态（是否有更新），默认是 1s。

四、　JDBC 插件

JDBC 插件允许 Logstash 从数据库内获取所需数据，实现 JDBC 插件的步骤如下。

（1）切换到配置文件目录下，示例命令如下所示。

```
cd /export/servers/es/logstash-6.7.0/config
```

（2）修改 jdbc.conf，示例配置文件内容如下所示。

```
input {
Jdbc {
jdbc_drivre_library =>"/home/es/mysql-connector-java-5.1.38.jar"
jdbc_driver_class =>"com.mysql.jdbc.Driver"
jdbc_connection_string =>"jdbc:mysql://192.168.31.82:3306/userdb"
jdbc_user =>"root"
jdbc_passwor =>"admin"
use_column_value => true
tracking_column =>"create_time"
# parameters => { "favorite_artist" =>"Beethoven" }
Sche =>"* * * * *"
```

```
statement =>"SELECT * from emp where create_time > :sql_last_value ;"
}
}
output{
stdout{
codec=>rubydebug
}
}
```

（3）将 MySQL 连接驱动包上传到指定的 /home/es/ 路径下，使用 ll 命令查看是否有依赖包，如图 4-5-2 所示。

```
[es@node01 ~]$ ll
总用量 977780
-rw-rw-r--. 1 es es   9625824 7月  26 17:02 apache-tomcat-8.5.34.tar.gz
-rw-rw-r--. 1 es es 149006122 7月  25 18:23 elasticsearch-6.7.0.tar.gz
-rw-rw-r--. 1 es es 597172402 7月  26 09:29 elasticsearch-8.8.2-linux-x86_64.tar.gz
-rw-rw-r--. 1 es es   4504674 7月  26 17:02 elasticsearch-analysis-ik-6.7.0.zip
-rw-rw-r--. 1 es es  36456412 7月  25 18:23 elasticsearch-head-compile-after.tar.gz
-rw-rw-r--. 1 es es 186406262 7月  25 18:23 kibana-6.7.0-linux-x86_64.tar.gz
-rw-rw-r--. 1 es es    983911 9月   3 13:22 mysql-connector-java-5.1.38.jar
-rw-rw-r--. 1 es es  17044698 7月  25 18:46 node-v8.1.0-linux-x64.tar.gz
```

图 4-5-2　查看依赖包

（4）检查配置文件是否可用，示例命令如下所示。

```
cd /export/servers/es/logstash-6.7.0/
bin/logstash -f /export/ser0/config/jdbc.conf  -t
```

（5）启动服务的示例命令如下所示。

```
cd /export/s/logstash-6.7.0
bin/logstash -f /explogstash-6.7.0/config/jdbc.conf
```

（6）向数据库插入数据，验证 Logstash 通过 JDBC 插件是否可以实现数据采集的功能。

五、syslog 插件

syslog 插件负责记录内核和应用程序产生的日志信息，管理员可以通过查看日志记录来掌握系统状况。默认情况下，系统已经安装 syslog 插件，添加 syslog 插件的步骤如下。

（1）切换到配置文件目录下，示例命令如下所示。

```
cd /export/servers/es/logstash-6.7.0/config
```

（2）修改 syslog.conf，示例配置文件内容如下所示。

```
input{
```

```
tcp{
port=> 6789
type=>syslog
}


type=>syslog
}
}


filter{
if [type] == "syslog" {
grok {
match => { "message" =>"%{SYSLOGTIMESTAMP:syslog_timestamp} %{SYSLOGHOST:syslog_hostname}
%{DATA:syslog_program}(?:\[%{POSINT:syslog_pid}\])?: %{GREEDYDATA:syslog_message}"}


add_field => [ "received_at", "%{@timestamp}" ]
add_field => [ "received_from", "%{host}" ]


}
}


output{
stdout{
codec=>rubydebug
}
}
```

（3）检查配置文件是否可用，示例命令如下所示。

```
cd /export/servers/es/logstash-6.7.0
bin/logstash -f /export/servers/es/logstash-6.7.0/config/syslog.conf -t
```

（4）启动服务，示例命令如下所示。

```
cd /export/servers/es/logstash-6.7.0
bin/log/servers/es/logstash-6.7.0/config/syslog.conf
```

（5）在系统日志配置文件 rsyslog.conf 中添加一行内容，示例内容如下所示。

```
*.* @@node01:6789
```

（6）重启系统日志服务，示例命令如下所示。

```
sudo /etc/init.d/rsyslog restart
```

执行以上命令后，我们可以运行 syslog 插件，运行效果如图 4-5-3 所示。

```
# ### begin forwarding rule ###
# The statement between the begin ... end define a SINGLE forwarding
# rule. They belong together, do NOT split them. If you create multiple
# forwarding rules, duplicate the whole block!
# Remote Logging (we use TCP for reliable delivery)
#
# An on-disk queue is created for this action. If the remote host is
# down, messages are spooled to disk and sent when it is up again.
#$ActionQueueFileName fwdRule1 # unique name prefix for spool files
#$ActionQueueMaxDiskSpace 1g   # 1gb space limit (use as much as possible)
#$ActionQueueSaveOnShutdown on # save messages to disk on shutdown
#$ActionQueueType LinkedList   # run asynchronously
#$ActionResumeRetryCount -1    # infinite retries if host is down
# remote host is: name/ip:port, e.g. 192.168.0.1:514, port optional
#*.* @@remote-host:514
# ### end of the forwarding rule ###
*.* @@node01:6789
```

图 4-5-3 添加 syslog 插件后的运行效果

六、 filter 插件

Logstash 功能强大的主要原因就是它支持 filter 插件。能够利用各种组合的过滤器得到所需要的结构化数据。

收集 Linux 系统控制台日期数据

通过 filter 插件我们可以收集 Linux 系统控制台的日期数据，并在控制台根据设定的格式打印输出显示日期，示例步骤如下所示。

（1）切换到配置文件目录下，示例命令如下所示。

```
cd /export/servers/es/logstash-6.7.0/config/
```

（2）修改 filter.conf 配置文件，示例配置文件内容如下所示。

```
input {stdin{}}
    filter {
        grok {
            match => {
"message" =>"(?<date>\d+\.\d+)\s+"
            }
        }
    }
}
output {stdout{codec => rubydebug}}
```

（3）启动服务的示例命令如下所示。

```
cd /export/servers/es/logstash-6.7.0/
bin/logstash -f /export/servers/es/logstash-6.7.0/config/filter.conf
```

（4）在控制台输入"5.20 今天天气还不错"验证配置效果，输出采集日期数据效果如图 4-5-4 所示。

```
5.20 今天天气还不错
/export/servers/es/logstash-6.7.0/vendor/bundle/jruby/2.5.0/gems/a
m is deprecated
{
          "date" => "5.20",
       "message" => "5.20 今天天气还不错",
      "@version" => "1",
          "host" => "node01",
    "@timestamp" => 2023-09-04T06:23:29.504Z
}
```

图 4-5-4　输出采集日期数据效果

七、使用 grok 收集 Nginx 日志数据

（一）安装 grok 插件

安装 grok 插件的步骤如下。

（1）切换到 /logstash-6.7.0 目录下，示例命令如下所示。

```
cd /export/servers/es/logstash-6.7.0/
```

（2）编辑配置文件 Gemfile，示例配置文件内容如下所示。

```
source https://gems.ruby-china.com/          # 配置成中国的镜像源
```

（3）开始在线安装，示例命令如下所示。

```
cd /export/servers/es/logstash-6.7.0/
bin/logstash-plugin   install logstash-filter-grok
```

（4）查看 Logstash 的插件列表，示例命令如下所示。

```
bin/logstash-plugin list
```

（二）Logstash 的配置文件

从控制台输入 Nginx 的日志数据，然后经过 filter 的过滤将日志文件转换成标准的数据格式，示例配置文件内容如下所示。

```
input {stdin{}}
filter {
grok {
match => {
"message" =>"%{IPORHOST:clientip} \- \- \[%{HTTPDATE:time_local}\] \"tes_sent} %{QS:http_
referer} %{QS:agent}"
    }
```

```
      }
    }
output {stdout{codec =>rubydebug}}
```

（三）启动 Logstash

启动 Logstash 的示例命令如下所示。

```
cd /export/servers/es/logstash-6.7.0
bin/logstash -f /export/servers/es/logstash-6.7.0/config/monitor_nginx.conf
```

（四）从控制台输入 Nginx 日志文件数据

从控制台输入 Nginx 日志文件数据的示例命令如下所示。

```
36.157.150.1 - - [05/Nov/2018:12:59:27 +0800] "GET /phpmyadmin_8c1019c9c0de7a0f/js/messages.
php?lang=zh_CN&db=&collation_connection=utf8_unicode_ci&token=6a44d72481633c90bffcfd42f11e
25a1 HTTP/1.1" 200 8131 "-""Mozilla/5.0 (Windows NT 6.1; WOW64) AppleaOf/js/get_scripts.js.php?scripts%
5B%5D=jquery/jquery-1.11.1.min.js&scripts%5B%5D=sprintf.js&scripts%5B%5D=ajax.js&scripts%5B%5D=
keyhandler.js&scripts%5B%5D=jquery/jquery-ui-1.11.2.min.js&scripts%5B%5D=jquery/jquery.cookie.
js&scripts%5B%5D=jquery/jquery.mousewheel.js&scripts%5B%5D=jquery/jquery.event.drag-2.2.js&scripts%
5B%5D=jquery/jquery-ui-timepicker-addon.js&scripts%5B%5D=jquery/jquery.ba-hashchange-1.3.js
HTTP/1.1" 200 139613 "-""Mozilla/5.0 (Windows NT 6.1; WOW64) AppleWebKit/537.36 (KHTML, like Gecko)
Chrome/45.0.2454.101 Safari/537.36"
```

八、 output 插件

output 插件可以将采集的数据标准输出到控制台，示例命令如下所示。

```
output {
    stdout {
        codec =>rubydebug
    }
}
bin/logstash -e 'input{stdin{}}output{stdout{codec=>rubydebug}}'


hello
```

九、 任务实践

在完成安装 Logstash 并对其工作流程有一定的了解后，下面通过任务实践完成 Logstash 中 input 输入的配置。该任务实践的 input 输入配置统一采集控制台的输入日志数据，output 输出配置完成输出到文件中和输出到 Elasticsearch 中，具体配置细节和步骤如下所示。

（一）采集数据并保存到文件中

Logstash 采集数据到
File 和 Elasticsearch

Logstash 可以将收集到的数据写入文件，实现步骤如下所示。

1. 编辑 Logstash 的配置文件

修改配置文件 output_ex.conf，示例配置文件内容如下所示。

```
input {stdin{}}
output {
file {
path e}"
}
flush_interval => 0
}
}
```

2. 检测配置文件并启动 Logstash 服务

检测配置文件，启动 Logstash 服务，示例命令如下所示。

```
cd /export/servers/es/logstash-6.7.0
bin/logstash -f config/output_file.conf -t
bin/put_file.conf
```

启动 Logstash 服务后，使用 more 命令查看 txt 文件内容，示例命令如下所示，查看的输出结果如图 4-5-5 所示。

```
cd /export/servers/es/datas
more 2018-11-08-node01.hadoop.com.txt
```

```
[es@node01 es]$ cd datas
[es@node01 datas]$ ll
总用量 4
-rw-rw-r--. 1 es es 31 9月   4 14:32 2023-09-04-node01.txt
[es@node01 datas]$ cat 2023-09-04-node01.txt
hello hadoop
hello flume flink
```

图 4-5-5　输出结果

（二）将采集数据保存到 Elasticsearch

1. 编辑 Logstash 的配置文件

示例配置文件内容如下所示。

```
input {stdin{}}
output {
    elasticsearch
        hosts => ["node01:9200"]
        index =>"logstash-%{+YYYY.MM.dd}"

    }
}
```

2. 检测配置文件并启动 Logstash 服务

示例命令如下所示。

```
cd /export/servers/es/logstash-6.7.0
bin/logstash -f config/output_es.conf -t
bin/logstash -f config/output_es.conf
```

根据配置文件 output_es.conf 启动 Logstash 服务，启动效果如图 4-5-6 所示。

```
The stdin plugin is now waiting for input:
[2018-10-13T18:36:44,638][INFO ][logstash.agent           ] Pipelines running {:count=>1, :
ipelines=>["main"]}
hello hadoop
hello storm
```

图 4-5-6　Logstash 服务启动效果

3. 登录 Elasticsearch 查看数据

通过谷歌浏览器访问 http://node01:9100/，可以查看 Elasticsearch 中的数据，如图 4-5-7 所示。

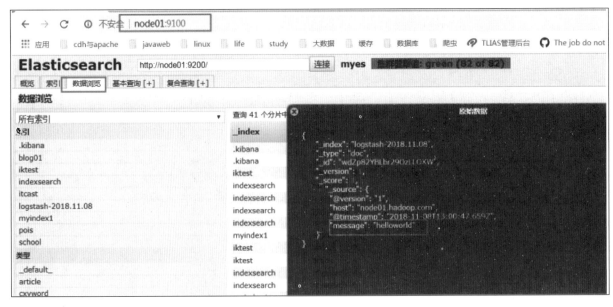

图 4-5-7　查看 Elasticsearch 中的数据

巩/固/与/提/高

思考如何使用 Logstash 将日志文件导入 Elasticsearch 中？并进行实践操作。

在线测试 18

项目总结

　　本项目介绍了 ELK 技术栈，ELK 指的是 Elasticsearch、Logstash 和 Kibana 这三个开源工具的组合。ELK 技术栈是一个强大的日志分析和搜索工具，可以帮助我们实时地处理和分析大量的日志数据。通过 Elasticsearch、Logstash 和 Kibana 的配合使用，我们可以快速地搭建一个高效的日志处理系统，并从中获取有用的信息。然而，在使用 ELK 技术栈时，还需要注意数据处理的性能、安全和稳定性等方面的问题，确保系统正常运行，提高系统的可用性。

项目五

ETL 工具——Kettle

知识目标

1. 熟悉 Kettle 图形界面的基本功能。
2. 掌握使用 Kettle 整合 Hadoop 平台的基本操作。
3. 掌握使用 Kettle 工具操作 Hive 实现读写数据的操作。

技能目标

1. 能够完成 JAVA_HOME、Path 和 CLASSPATH 的环境变量配置。
2. 能够安装和启动 Kettle。
3. 能够使用 Kettle 输入组件，如 JSON 组件、Table 组件、生成数据记录组件等进行数据输入操作。
4. 能够使用 Kettle 输出组件，如文本输出组件、表输出组件等进行数据输出操作。
5. 能够使用 Kettle 整合 Hadoop 以及操作 Hive。

素养目标

1. 培养善于思考、勤于实践的学习习惯。
2. 培养对数据分析、数据处理的敏感性。
3. 培养精益求精的工匠精神。

项目描述

ETL（Extract-Transform-Load）是指数据从数据来源端经过抽取、转换、装载至目标端的过程。对企业应用来说，经常会遇到各种数据的处理、转换、迁移，掌握一种 ETL 工具是必不可少的。本项目学习的 ETL 工具是 Kettle。

在本项目中，我们将通过 5 个任务来学习 ETL 工具——Kettle 的相关内容。

任务一　Kettle入门

常用的 ETL 工具有很多种，如 Sqoop、DataX、Kettle、Talend 等，但 Kettle 是业界最受欢迎、使用人数最多和应用范围最广的 ETL 数据整合工具之一。Kettle 的主要特点如下。

（1）Kettle 是一款使用 Java 语言编写的开源的 ETL 工具，可以在 Windows、Linux、Unix 上运行。它是一款绿色软件，无需安装。

（2）Kettle 的中文名为水壶，该项目的负责人 MATT 希望把各种数据都放到一个壶里，然后以一种指定的格式流出。因此 Kettle 具有强大的功能，Kettle 支持多种数据源和目标，包括关系型数据库、文件、Web 服务等，可以进行各种数据操作，如数据抽取、清洗、转换、加载等。同时，Kettle 还提供了丰富的转换和处理组件，满足不同的数据处理需求。

（3）Kettle 允许管理来自不同数据库的数据。

案例导入

在大数据时代，数据采集是一项非常重要的环节。Kettle 作为一款开源的 ETL 工具，其强大的数据采集能力备受业界推崇。本案例主要是在 Windows 环境下进行 Kettle 的安装和配置，安装配置完成后，启动 Kettle 完成 CSV 文件到 Excel 文件的转换和输出。

任务导航

本任务主要完成在 Windows 环境下 Kettle 的安装配置，在安装软件前需要提前配置好 JDK 的环境，可以通过在命令行窗口下输入 java -version 来验证具体的 Java 环境。下面让我们根据知识框架一起开始学习吧！

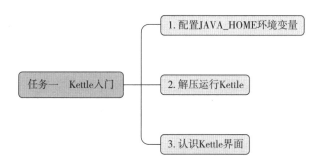

一、配置 JAVA_HOME 环境变量

JDK 是 Java 开发的编译环境，JDK 包含了很多类库，如 jar 包、JRE（Java 运行环境）、JVM（Java 虚拟机）等。JDK 是 Java 语言开发的基础工具包，是 Java 程序运行的基础，也是各种集成开发环境（IDE，integrated development environment）的基础。

（一）下载并安装 JDK 工具包

在 Oracle 官网下载 JDK。考虑到适用性和稳定性，建议读者下载最新的版本，本书使用 JDK 8 版本。

JDK 下载完成后，双击下载的 .exe 文件开始安装。有关 JDK 的安装过程，可以参考 JDK 安装操作指南。安装时，可以修改安装 JDK 的目录。

（二）设置环境变量

安装好 JDK 后，需要配置 Java 的环境变量。环境变量的作用是让操作系统知道可执行程序和可执行程序的位置，方便运行可执行程序。环境变量的设置方法会因 Windows 操作系统版本的不同而略有不同，以 Windows 10 为例，右键单击桌面上的"此电脑"图标，在弹出的下拉列表框中选择"属性"选项，在弹出的"设置"对话框中选择"高级系统设置"，在弹出的"系统属性"对话框中选择"高级"选项卡下的"环境变量"即可开始配置。

（1）新建并设置 JAVA_HOME 环境变量。将 JAVA_HOME 设置为 JDK 的安装路径，即系统变量名统一设置为 JAVA_HOME，变量的值为当前 JDK 安装的根目录，具体设置如图 5-1-1 所示。

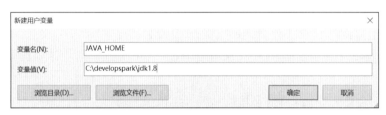

图 5-1-1　新建并设置 JAVA_HOME 环境变量

（2）修改 Path 环境变量。Path 环境变量中记录的是 .exe 等可执行文件的路径。对于可执行文件，系统先在当前路径中去找，如果没有找到，再去 Path 环境变量中查找。修改 Path 环境变量的方法是将值"；%JAVA_HOME%\bin;%JAVA_HOME%\jre\bin；"添加至当前 Path 环境变量值的后面，如图 5-1-2 所示。

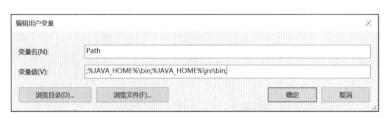

图 5-1-2　修改 Path 环境变量

（3）设置 CLASSPATH 环境变量。CLASSPATH 环境变量的作用是保证 Java 的 class 文件可以在任意目录下运行，若 JDK 的版本在 1.7 以上，则不需要设置 CLASSPATH 环境变量。CLASSPATH 环境变量的设置方法是将 CLASSPATH 环境变量设置为"；%JAVA_HOME%\bin;%JAVA_HOME%\lib\dt.jar;%JAVA_HOME%\lib\tools.jar"，如图 5-1-3 所示。

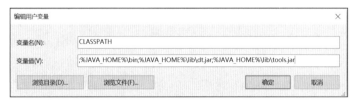

图 5-1-3　设置 CLASSPATH 环境变量

(三) 验证 JDK 是否安装成功

成功安装 Java JDK 并设置好环境变量后，在命令提示符中输入"java -version"，如果显示 Java 的版本号等信息，则表示成功安装了 JDK 工具包，如图 5-1-4 所示。

图 5-1-4　成功安装 Java JDK 工具包的验证信息

二、解压运行 Kettle

解压运行 Kettle 的步骤包括下载和安装 Kettle、配置与数据库连接的 jar 包、启动运行 Kettle 等。

(一) 下载 Kettle

在 Kettle 官方网站搜索 Kettle 工具包，单击下载链接即可开始下载。

(二) 解压 Kettle

Kettle 工具包是一个 zip 压缩包，因为 Kettle 工具是绿色软件，无需安装，所以下载完成后，使用解压软件将 Kettle 工具包解压到计算机的文件夹下即可。在 Windows 系统中解压下载好的 Kettle 的 zip 压缩包，解压后的目录结构如图 5-1-5 所示。

图 5-1-5　Kettle 解压后的目录结构

(三) 下载 MySQL 数据库连接 jar 包

下载 MySQL 数据库连接 jar 包 mysql-connector-java-5.1.47.jar，下载完成后，将其复制到 Kettle 解压路径下的 lib 文件夹下。

(四) 运行 Kettle

在 Kettle 压缩包的解压目录下，找到 Spoon.bat 批处理文件，如图 5-1-6 所示。双击该文件运行 Kettle，启动后的运行效果如图 5-1-7 所示。

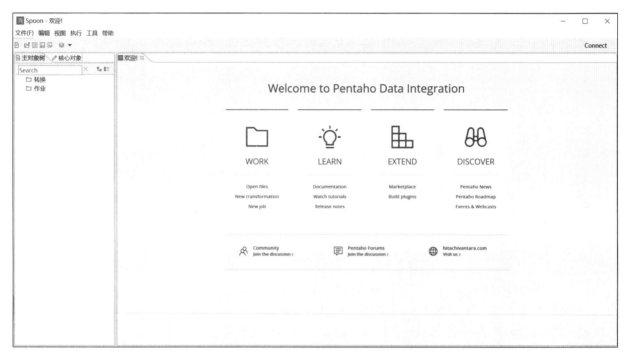

Spark-app-builder.bat	2018/11/14 17:21	Windows 批处...	2 KB
spark-app-builder.sh	2018/11/14 17:21	Shell Script	2 KB
Spoon.bat	2018/11/14 17:21	Windows 批处...	5 KB
spoon.command	2018/11/14 17:21	COMMAND 文件	2 KB
spoon.ico	2018/11/14 17:21	图标	362 KB
spoon.png	2018/11/14 17:21	PNG 图像	1 KB
spoon.sh	2018/11/14 17:21	Shell Script	8 KB

Windows 系统运行脚本

图 5-1-6　Spoon.bat 文件

图 5-1-7　Kettle 运行效果

三、认识 Kettle 界面

Kettle 工具提供了友好的图形界面，通过 Kettle 图形界面可以设计 ETL 转换过程。熟悉 Kettle 工作界面，认识各个组成部分是使用 Kettle 工具的基础。

（一）Kettle 界面构成

Kettle 工作界面是由标题栏、菜单栏、工具栏、快捷菜单图标栏、组件区域和工作区域等部分组成，如图 5-1-8 所示。Kettle 界面的构成和说明如下。

（1）标题栏：位于界面上方第一栏，显示界面标题名称。关闭"欢迎屏幕"后，没有新建工程或新建任务时，标题名为"Spoon-[没有名称]"。

（2）菜单栏：位于界面的第二栏，分别有"文件（F）""编辑""视图""执行""工具"和"帮助"6个菜单项。

（3）快捷菜单图标栏：位于界面的第三栏，显示图形化的常用和重要的菜单项，方便读者使用。快捷菜单图标栏从左到右各个图标的功能依次为新建文件、打开文件、探索资源库、保存文件、使用不同名称保存文件和视图类型。

（4）组件区域：由"主对象树"选项卡和"核心对象"选项卡两部分组成。"主对象树"选项卡显示的是已经创建好的转换工程或任务工程包含的对象和组件；"核心对象"选项卡显示的是所有对象和组件，这些对象和组件可以应用于转换工程或任务工程中。

（5）工作区域：在工作区域中可以创建转换工程或任务工程，也可以创建工程组件和组件之间的连接。

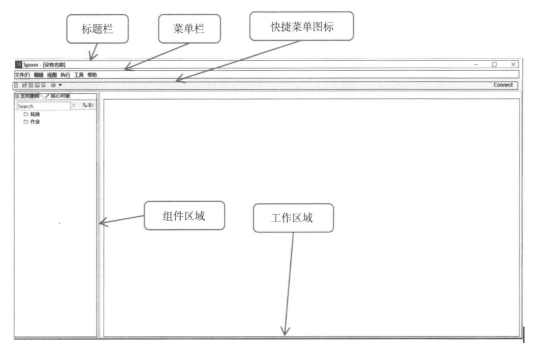

图 5-1-8　Kettle 界面构成

（二）"转换"和"任务"界面构成

"转换"和"任务"是 Kettle 中最基础的也是最核心的操作。Kettle 采用图形界面建立转换工程，可以将分布的、来自不同数据源中的数据抽取至临时中间层，然后进行清洗、转换、集成等操作，最后将处理后的数据装载至目标数据库或数据文件中。

1."转换"界面

在 Kettle 工作界面中，可以通过依次单击"文件"→"新建"→"转换"，或使用"Ctrl+N"组合键创建转换工程，如图 5-1-9 所示。

图 5-1-9　新建转换工程

在图 5-1-9 所示的"转换 1"转换工程中，左边的组件区域以树形结构的形式列出了"核心对象"选项卡中所有的类别对象。单击任意对象，系统会列出相关对象下所有的组件。在图 5-1-9 所示的"转换 1"转换工程的名称下方是转换工程的快捷菜单图标，有关快捷菜单图标说明如表 5-1-1 所示。

表 5-1-1　转换工程快捷菜单图标说明

图标	说明	图标	说明
▷	运行工程	✕	校验转换
❚❚	暂停运行工程	⮂	影响分析
☐	停止运行工程	⬚	获取 SQL
⚙	调试工程	⬚	选择数据库连接
▷	重放转换工程	▦	显示 / 隐藏执行结果面板
◉	预览数据		

2. "任务"界面

在 Kettle 工作界面中，可以通过依次单击"文件"→"新建"→"作业（J）"菜单项，或者按"Ctrl+Alt+N"组合键创建"作业 1"任务工程，如图 5-1-10 所示。

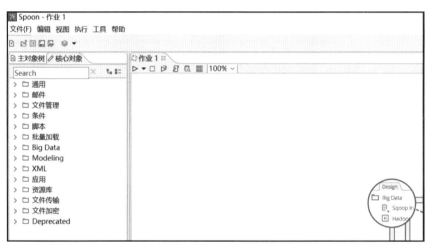

图 5-1-10　新建任务工程

在图 5-1-10 所示的"作业 1"任务工程中，左边的组件区域以树形结构的形式列出了"核心对象"选项卡中所有的类别对象。单击任意对象，系统会列出相关对象下所有的组件。在图 5-1-10 所示的"作业 1"任务工程的名称下方是任务工程的快捷菜单图标，其图标与转换工程一致，有关快捷菜单图标说明可参考表 5-1-1。

四、 任务实践

本任务实践主要带领读者完成 Kettle 工具的启动，创建转换工程，通过配置 CSV 输入组件和 Excel 输出组件实现数据的 ETL，具体实现步骤如下所示。

（一）Kettle 入门案例

完成 JDK 和 Kettle 的安装后，利用 Kettle 把数据从 CSV 文件（即"2020 年 1

Kettle 入门

月联考成绩 .csv"文件）抽取到 Excel 文件中。

1. 准备工作

准备 CSV 数据源文件，在 Windows 系统下使用文本工具查看 CSV 文件，CSV 文件内容如图 5-1-11 所示。

2. 创建转换工程

（1）使用"Ctrl+N"组合键创建"CSV 文件输入 -Excel 输出"转换工程，单击"核心对象"选项卡，展开"输入"对象，选中"CSV 文件输入"组件并拖到右边的工作区，如图 5-1-12 所示。

（2）在"CSV 文件输入 -Excel 输出"转换工程中，单击"核心对象"选项卡，展开"输出"对象，选中"Excel 输出"组件并拖到右边的工作区。由"CSV 文件输入"组件指向"Excel 输出"组件，建立节点连接，如图 5-1-13 所示。

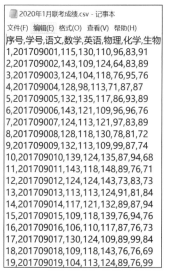

图 5-1-11　CSV 文件内容

图 5-1-12　创建"CSV 文件输入"组件

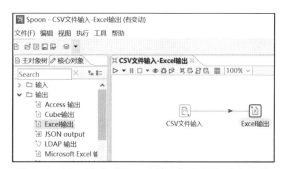

图 5-1-13　建立"Excel 输出"组件和节点连接

3. 对 CSV 输入组件进行配置

双击图 5-1-13 所示的"CSV 文件输入"组件，在弹出的"CSV 文件输入"窗口中，"CSV 文件输入"组件参数包括组件的基础参数和字段参数，设置相关参数，获取"2020 年 1 月联考成绩 .csv"文件的数据。

（1）设置组件名称。将"步骤名称"设置为默认值"CSV 文件输入"。

（2）读取 CSV 文件。单击"浏览（B）…"按钮，在计算机上浏览到"2020 年 1 月联考成绩 .csv"文件，将该文件名称添加到"文件名"输入栏。

（3）获取字段。单击"获取字段"按钮，弹出"Sample data"对话框（见图 5-1-14），单击图 5-1-14 中的"确定（O）"按钮，导入"2020 年 1 月联考成绩 .csv"文件的字段到字段参数表中，如图 5-1-15 所示。

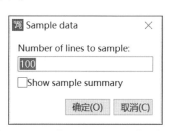

图 5-1-14　"Sample data"对话框

#	名称	类型	格式	长度	精度	货币符号	小数点符号	分组符号	去除空格类型
1	序号	Integer	#	15	0	¥	.	,	不去掉空格
2	学号	Integer	#	15	0	¥	.	,	不去掉空格
3	语文	Integer	#	15	0	¥	.	,	不去掉空格
4	数学	Integer	#	15	0	¥	.	,	不去掉空格
5	英语	Integer	#	15	0	¥	.	,	不去掉空格
6	物理	Integer	#	15	0	¥	.	,	不去掉空格
7	化学	Integer	#	15	0	¥	.	,	不去掉空格
8	生物	Integer	#	15	0	¥	.	,	不去掉空格

图 5-1-15　导入"2020 年 1 月联考成绩 .csv"文件的字段参数

（4）设置字段参数。对图 5-1-15 所示的字段参数表进行设置（见图 5-1-16），其他参数使用默认值，此时完成"CSV 文件输入"组件参数的设置。

4. 对 Excel 输出组件进行配置

双击图 5-1-13 所示的"Excel 输出"组件，弹出"Excel 输出"对话框（见图 5-1-17），"Excel 输出"组件参数包含组件的基础参数，有"文件""内容""格式"和"字段"4 个选项卡的参数。在组件的基础参数中，"步骤名称"表示 Excel 输出组件名称，当前采用默认值"Excel 输出"。

图 5-1-16 "CSV 文件输入"组件的参数设置

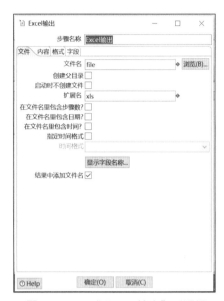

图 5-1-17 "Excel 输出"对话框

（1）设置"文件"选项卡参数。在图 5-1-17 所示的"文件"选项卡中，将"文件名"设置为"D:\data\2020 年 1 月联考成绩 .xls"，其他参数使用默认值，如图 5-1-18 所示。

（2）"内容"选项卡不设置任何参数，使用默认值。

（3）"格式"选项卡不设置任何参数，使用默认值。

（4）设置"字段"选项卡参数。单击图 5-1-17 所示的"字段"选项卡，在"字段"选项卡中，单击"获取字段"，对输出至"2020 年 1 月联考成绩 .xls"文件的字段参数进行设置，设置完成的效果如图 5-1-19 所示。

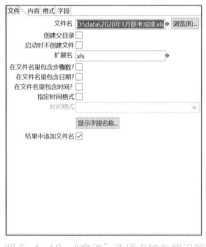

图 5-1-18 "文件"选项卡的参数设置

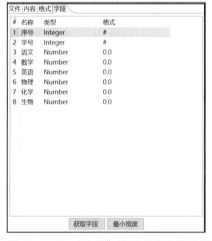

图 5-1-19 "字段"选项卡的参数设置

5. 启动运行和查看结果

（1）启动运行。在"CSV 文件输入 -Excel 输出"转换工程中，单击工作区上方的 ▷ 图标，启动工程，工程运行结果如图 5-1-20 所示。

图 5-1-20 工程运行结果

（2）查看输出结果。打开"D:\data\2020 年 1 月联考成绩 .xls"文件，可以看到 Excel 输出处理后的数据如图 5-1-21 所示。

图 5-1-21 Excel 输出处理后的数据

—— 巩/固/与/提/高 ——

创建一个名为"demo"的转换工程，并建立一个 CSV 文件输入组件"语文成绩 .csv"，输出为"语文成绩 .xls"文件。在操作过程中熟悉 Kettle 的组件创建、参数设置等基本操作。

在线测试 19

任务二　认识Kettle输入组件

数据库被广泛应用于存储和管理数据，未经处理、直接从生产系统获取的数据或文件被称为源数据。在多数据源的情况下，源数据如果直接应用于数据分析，就需要额外进行抽取、转换和装载操作。结合本案例系统的源数据，实现不同的业务场景需求和应用。

在成功启动 Kettle 并且对 Kettle 基本组件熟知的前提下，本任务将进一步带领大家学习和认识更多的 Kettle 输入组件，以及 JSON 组件、Table 组件、自动生成记录组件等。通过本任务的学习，认识更多的数据结构，适配更多的业务场景需求。

下面让我们根据知识框架一起开始学习吧！

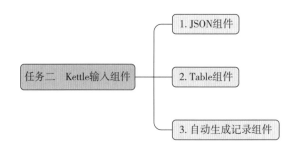

一、 JSON 组件

Kettle 支持多种数据格式的存取转换，其中一种数据源是 JSON 文件，如 JSON input 是指可输入 JSON 数据的输入组件。JSON 的数据格式具有极大的灵活性，不受数据源的限制，允许用户在各种数据格式中进行数据处理，因此 JSON input 的重要性也日益凸显。

JSON 组件的操作步骤如下。

1. 新建转换工程

在 Kettle 工作界面中，依次单击"文件"→"新建"→"转换"，或使用"Ctrl+N"组合键创建转换工程，如图 5-2-1 所示。

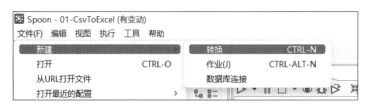

图 5-2-1　新建转换工程

2. 拖入组件

将"JSON input"组件、"Excel 输出"组件拖入工作区域中，连接两个组件，如图 5-2-2 所示。

图 5-2-2　组件连接

3. 配置"JSON input"组件

（1）双击图 5-2-2 中的"JSON input"组件，在弹出的"JSON 输入"对话框中，选择"文件"选项卡，在"文件或路径"选项中添加对应的文件或文件具体的路径，如图 5-2-3 所示。

图 5-2-3　添加文件或文件路径

（2）在"字段"选项卡中获取 JSON 文件字段，对需要的具体字段进行类型和格式设置，字段设置结果如图 5-2-4 所示。

图 5-2-4　字段设置结果

4. 配置"Excel 输出"组件

在"Excel 输出"对话框的"文件"选项卡中指定输出的文件位置和文件名，如图 5-2-5 所示。

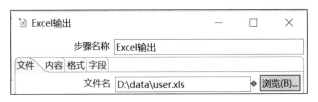

图 5-2-5 指定输出的文件位置和文件名

5. 执行转换任务

最后执行转换任务，执行结果如图 5-2-6 所示。

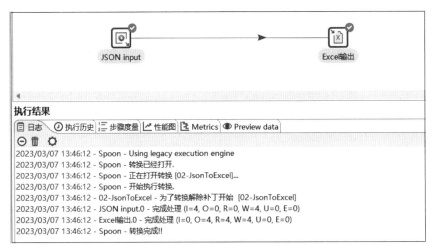

图 5-2-6 转换任务执行结果

三、 Table 组件

数据表是指具有统一名称，并且类型、长度和格式等元素都相同的数据集合。在数据库中，数据是以数据表的形式存储的。表输入的作用是抽取数据库中的数据表，并获取表中的数据。

(一) 需求

将 MySQL 数据库中的 user 表的数据抽取到 Excel 文件中。

(二) 环境准备

图 5-2-7 通过 SQLyog 导入数据

1. Kettle 整合 MySQL 数据库

（1）将 MySQL 的驱动包导入 pdi-ce-8.2.0.0-342\data-integration\lib 文件夹下。

（2）重启 Kettle。

2. MySQL 建库

（1）通过 SQLyog 将"test_t_user.sql"导入 MySQL 数据库，如图 5-2-7 所示。

（2）输入组件选择"表输入"，输出组件选择"Excel 输出"，连接两个组件，如图 5-2-8 所示。

图 5-2-8　连接输入和输出组件

（3）因为"表输入"组件需要读取关系型数据库中的表数据，所以需要配置数据库连接。配置数据库连接如图 5-2-9 所示。

图 5-2-9　配置数据库连接

（4）选择需要操作的数据库表，并通过 Kettle 工具编写需要的 SQL 语句，具体操作如图 5-2-10 所示。

图 5-2-10　选择数据库表并编写 SQL 语句

（5）配置"Excel 输出"组件，输出从数据库表中获取的数据，具体配置如图 5-2-11 所示。

（6）最后执行转换任务，执行结果如图 5-2-12 所示。

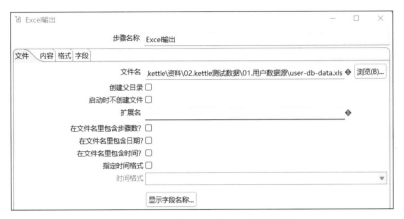

图 5-2-11 "Excel 输出"组件配置

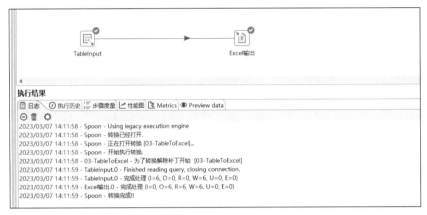

图 5-2-12 转换任务执行结果

三、 自动生成记录组件

在数据仓库中，绝大多数的数据都是由业务系统生成的动态数据，但是其中有一部分数据不是动态的，如日期维度数据、静态维度数据就可以提前生成。

(一) 需求

向 Excel 文件中插入 100 条记录，id 为 1，name 为 xuanyuan，age 为 18。

(二) 操作步骤

（1）在"输入"对象中选择"生成记录"组件，在"输出"对象中选择"Excel 输出"组件，连接两个组件，如图 5-2-13 所示。

图 5-2-13 连接输入组件和输出组件

（2）配置"生成记录"组件，生成记录条数这里设置为 100 条，并设置生成的数据名称、数据类型和数据格式，如图 5-2-14 所示。

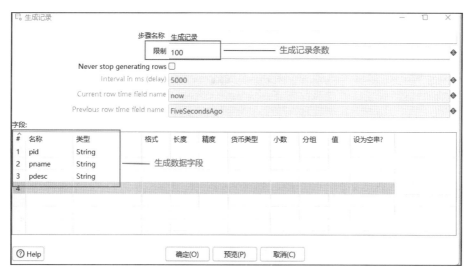

图 5-2-14　配置"生成记录"组件

（3）Excel 输出配置。在"Excel 输出"对话框中，选择"文件"选项卡，在"文件名"选项的文本框中，指定文件的路径和文件名，如图 5-2-15 所示。

图 5-2-15　Excel 输出配置

（4）最后执行转换任务，执行结果如图 5-2-16 所示。

图 5-2-16　转换任务执行结果

四、任务实践

作为一款优秀的 ETL 工具，Kettle 支持从各种数据源，如文件、数据库等进行数据的抽取。在实际的工作中我们接触最多的数据大部分都是存储在 MySQL、Oracle、SqlServer 等这类关系型数据库中。本任务实践将通过配置 Table 表输入组件实现对 MySQL 数据库中的数据读取，根据需要编写 SQL 语句，把查询出来的数据导出到 Excel 文件中。具体实现步骤如下。

（1）准备测试数据[①]，示例 SQL 如下所示，新建的数据库和表如图 5-2-17 所示。

```
CREATE TABLE 'xuanyuan_user' (
    'id' TINYTEXT,
    'name' TINYTEXT,
    'age' DOUBLE DEFAULT NULL,
    'gender' DOUBLE DEFAULT NULL,
    'province' TINYTEXT,
    'city' TINYTEXT,
    'region' TINYTEXT,
    'phone' DOUBLE DEFAULT NULL,
    'birthday' TINYTEXT,
    'hobby' TINYTEXT,
    'register_date' DATETIME DEFAULT NULL
) ENGINE=INNODB DEFAULT CHARSET=utf8;
INSERTINTO 'xuanyuan_user'('id','name','age','gender','province','city','region','phone',
'birthday','hobby','register_date')
VALUES ('3924561970081930000','tom',20,0,' 北京市 ',' 昌平区 ',' 回龙观 ',18589407692,'1970-08-19',
' 美食；篮球；足球 ','2018-08-06 09:44:43'),
('2674561980062100000','lilei',25,1,' 河南省 ',' 郑州市 ',' 郑东新区 ',18681109672,'1980-06-21',' 音乐；
阅读；旅游 ','2017-04-07 09:14:13'),
('8924561990072030000','Jim',24,1,' 湖北省 ',' 武汉市 ',' 汉阳区 ',18798009102,'1990-07-20',' 写代码；读
代码；算法 ','2016-06-08 07:34:23'),
('8924561990072030000','David',26,2,' 陕西省 ',' 西安市 ',' 莲湖区 ',18189189195,'1987-12-19',' 购物；旅
游 ','2016-01-09 19:15:53'),
('3924561970081930000','SuperBaby',20,0,' 北京市 ',' 昌平区 ',' 回龙观 ',18589407692,'1970-08-19',' 美
食；篮球；足球 ','2018-08-06 09:44:43'),
('3924561970081930000','HanMeimei',20,0,' 北京市 ',' 昌平区 ',' 回龙观 ',18589407692,'1970-08-19',' 美食；
篮球；足球 ','2018-08-06 09:44:43');
```

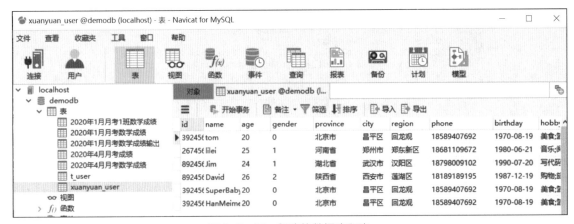

图 5-2-17　新建的数据库和表

① 本书任务中所使用的测试数据皆为虚拟，并非真实信息，如有雷同，纯属巧合。

（2）新建数据库连接对象，在"主对象树"的"转换"对象组中新建数据库连接，具体设置如图 5-2-18 所示。

Kettle 输入组件

图 5-2-18 建立数据库连接对象

这里可以单击"测试"按钮，验证上述的配置是否正确，如图 5-2-19 所示。

（3）新建 Table 组件（即"表输入"组件）到"Excel 输出"组件的转换任务，如图 5-2-20 所示。

图 5-2-19 验证配置是否正确

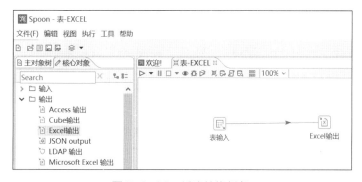

图 5-2-20 新建转换任务

（4）配置 Table 组件，双击"表输入"组件，弹出"表输入"对话框，选择输入表所在的数据库连接，单击"获取 SQL 查询语句"，在弹出的"数据库浏览器"对话框中，选择要操作的数据表，具体配置如图 5-2-21 所示。

图 5-2-21 配置"表输入"组件

（5）在"表输入"对话框中单击"预览"按钮预览数据，查看从数据库中获取的数据，如图 5-2-22 所示。

图 5-2-22　预览数据

（6）配置"Excel 输出"组件。双击"Excel 输出"组件，在"Excel 输出"对话框中，分别对"文件""内容""格式"和"字段"四个选项卡进行设置。在"文件"选项卡中，设置"Excel 输出"的文件名和存储位置；"内容"和"格式"选项卡均按照默认设置；在"字段"选项卡中，先单击"获取字段"按钮，然后在取得的字段中，对字段的类型和格式进行设置，如图 5-2-23 所示。

图 5-2-23　配置"Excel 输出"组件

（7）执行转换任务，执行结果如图 5-2-24 所示。

（8）打开 Excel 表格查看输出结果，输出结果如图 5-2-25 所示。

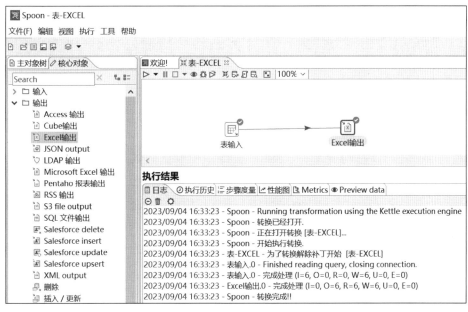

图 5-2-24 执行转换结果

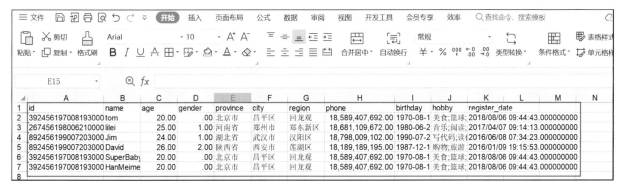

图 5-2-25 输出结果

━━━━━━━━ 巩/固/与/提/高 ━━━━━━━━

1. 建立数据库连接和"表输入"组件，在 MySQL 的 demodb 数据库中，获取"2020 年 4 月月考成绩"表的数据。

2. 创建生成任意一个随机数的转换工程，并把生成的随机数通过 Excel 输出。

在线测试 20

任务三　认识Kettle输出组件

案例导入

数据采集是 Kettle 的核心功能之一。Kettle 支持多种数据源的采集，如关系型数据库、文件、Hadoop 等。我们可以通过 Spoon 中的输入组件来选择数据源，然后使用输出组件将数据输出到目的地。本案例主要带领大家完成文本文件输出组件、表输出组件的配置和使用，对源数据进行转换或者清洗后输出到指定的目的地，最终完成 user-info 信息的正确输出。

任务导航

Kettle 输出组件主要负责把经过转换或清洗后的数据根据设定的目的进行数据输出。本任务将带领大家学习和使用更多的输出组件，如文本输出和表输出，为后续数据分析奠定基础。

下面让我们根据知识框架一起开始学习吧！

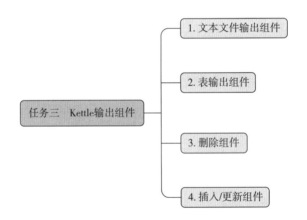

一、文本文件输出组件

文本文件输出指的是将数据输出到文本文件中。

（一）任务需求

从 MySQL 的 demodb 数据库中的 t_user 表抽取数据并输出到文本文件中。

（二）主要操作步骤

（1）在"输入"对象中选择"表输入"组件，在"输出"对象中选择"文本文件输出"组件，连接两个组件，如图 5-3-1 所示。

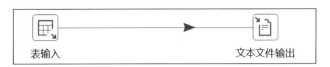

图 5-3-1　"表输入"到"文本文件输出"的组件连接

（2）在"表输入"组件中指定从哪个表获取数据。双击"表输入"组件，打开"表输入"对话框，选择"t_user"表所在的数据库（demodbConn）连接，单击"获取 SQL 查询语句 …"，在弹出的"数据库浏览器"对话框中选择"t_user"表（见图 5-3-2），完成"表输入"组件配置。

图 5-3-2　配置"表输入"组件

（3）在"文本文件输出"组件中指定将表中的数据输出到哪个文件。双击"文本文件输出"组件，进入"文本文件输出"对话框，分别对"文件""内容"和"字段"三个选项卡进行设置，在"文件"选项卡中，设置输出文本文件的文件名和存储位置，如图 5-3-3 所示；"内容"可以按照默认设置；在"字段"选项卡中，先单击"获取字段"按钮，在取得的字段中，对字段的类型和格式进行设置，如图 5-3-4 所示。

图 5-3-3　配置"文本文件输出"的"文件"选项卡

图 5-3-4　配置"文本文件输出"的"字段"选项卡

二、表输出组件

表输出是将数据输出到数据库指定的表中。

（一）需求

从"资料\kettle测试数据\用户数据源\user.json"中读取 id、name、age 字段的数据，输出到 MySQL 数据库的 t_user_1 表中。

（二）主要操作步骤

（1）将"输入"对象的"JSON input"组件和"输出"对象的"表输出"组件拖到工作区域，连接两个组件，如图 5-3-5 所示。

图 5-3-5　"JSON input"到"表输出"的组件连接

（2）对"JSON input"组件进行配置。在"JSON 输入"对话框中，分别对"文件""内容""字段"和"其他输出字段"四个选项卡进行设置。在"文件"选项卡中，"文件或路径"处输入文件的文件名和存储位置，添加到"选中的文件"的列表框中，如图 5-3-6 所示。在"字段"选项卡中获取输出文件的字段，并对字段类型和格式进行设置，"内容"选项卡和"其他输出字段"选项卡按照默认设置即可。

（3）对"表输出"组件进行配置。双击"表输出"组件，打开"表输出"对话框，选择要装载的数据库连接"demodbConn"，填写目标表，单击"SQL"按钮，在弹出的"简单 SQL 编辑器"中自动填上生成新表的 SQL 语句，单击"执行"按钮，将数据输出到数据库中，如图 5-3-7 所示。

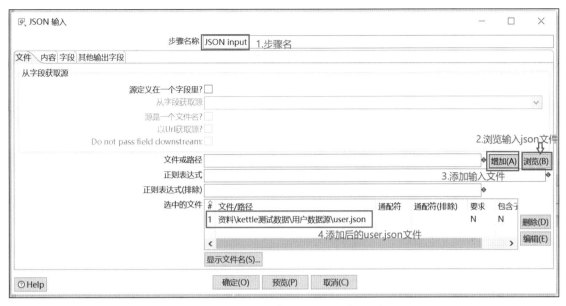

图 5-3-6　配置"JSON input"组件

图 5-3-7　配置"表输出"组件

 删除组件

删除组件能够按照指定条件将表中的数据删除。

（一）需求

从 MySQL 数据库的 t_user_1 表中删除 id 为 492456198712198000 的数据。

（二）主要操作步骤

（1）将"输入"对象的"自定义常量数据"组件和"输出"对象的"删除"组件拖到工作区域，连接两个组件，如图 5-3-8 所示。

图 5-3-8 "自定义常量数据"到"删除"的组件连接

（2）对"自定义常量数据"组件进行配置。双击"自定义常量数据"组件，在弹出的"自定义常量数据"对话框中，包含"元数据"和"数据"两个选项卡。在"元数据"选项卡中，设置自定义常量数据的名称、类型和格式等，具体配置如图 5-3-9 所示。

（3）对"删除"组件进行配置。双击"删除"组件，在弹出的"删除"对话框中，分别对"数据库连接"和"目标表"进行设置，填写"查询值所需的关键字"，具体配置如图 5-3-10 所示。

图 5-3-9 配置"自定义常量数据"组件

图 5-3-10 配置"删除"组件

四、插入/更新组件

插入或更新组件就是把数据库中已经存在的记录与数据流里面的记录进行比对，如果不同就更新数据，如果记录不存在就插入数据。

（一）需求

从资料"\kettle 测试数据 \user_new.json"中读数据，并插入或更新到 MySQL 数据库的 t_user_1 表中。

（二）主要操作步骤

（1）将"输入"对象的"JSON input"组件和"输出"对象的"插入/更新"组件拖到工作区域中，连接两个组件，如图 5-3-11 所示。

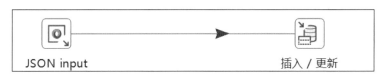

图 5-3-11　"JSON input"到"插入/更新"的组件连接

（2）对"JSON input"组件进行配置。单击图 5-3-11 中的"JSON input"组件，在弹出的"JSON 输入"对话框中，分别对"文件""内容""字段"和"其他输出字段"四个选项卡进行设置。在"文件"选项卡中，"文件或路径"处输入文件的文件名和存储位置，添加到"选中的文件"的列表框中，如图 5-3-12 所示。在"字段"选项卡中获取输出文件的字段，并对字段类型和格式进行设置，"内容"和"其他输出字段"选项卡保持默认设置。

图 5-3-12　配置"JSON input"输入组件

（3）对"插入/更新"组件进行配置。在"插入/更新"对话框中，选择要装载的数据库连接，填写目标表的表名，设置关键字段的参数，在"更新字段"列表框中设置插入或更新的字段参数，如图 5-3-13 所示。

图 5-3-13　配置"插入 / 更新"组件

（4）在转换工程的快捷菜单栏中单击图标▷，执行转换工程，如图 5-3-14 所示。

图 5-3-14　执行转换工程

五、　任务实践

ETL（Extract-Transform-Load）表示数据抽取、数据转换和数据装载，数据抽取对应的是 Kettle 工具中的数据组件，而 Load 代表数据的加载，表示把抽取到的数据存储到想要存储的位置。该任务实践将会搭建一个转换工程实现对一个 JSON 格式的数据源的数据读取，并通过配置组件实现将数据存储到 MySQL 数据库的一个表中，具体实践步骤如下。

（1）新建"JSON input"组件和"表输出"组件，将它们进行连接，如图 5-3-15 所示。

（2）准备"JSON input"数据源，如图 5-3-16 所示。

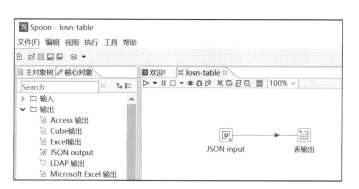

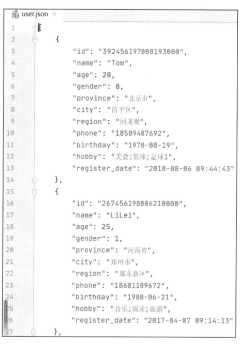

图 5-3-15　"JSON input"组件到"表输出"的组件连接　　　图 5-3-16　"JSON input"数据源

（3）对"JSON input"组件进行配置，具体配置如图 5-3-17 所示。

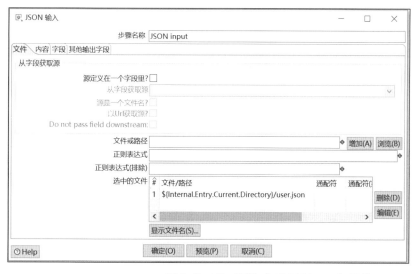

Kettle 输出组件

图 5-3-17　配置"JSON input"组件

（4）对"JSON input"组件中的字段进行选择，具体操作如图 5-3-18 所示。

（5）对"JSON input"组件中选择的字段进行格式设置，设置效果如图 5-3-19 所示。

（6）对"表输出"组件进行配置，配置"JSON input"组件到"表输出"组件的字段映射，具体配置如图 5-3-20 所示。

213

图 5-3-18 选择"JSON input"组件中的字段

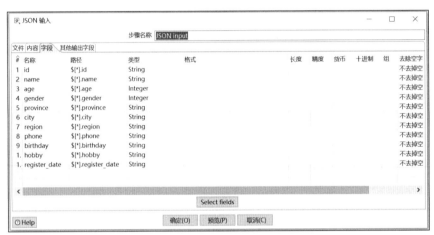

图 5-3-19 字段格式设置效果

图 5-3-20 配置"表输出"组件

（7）单击"表输出"组件对话框中的"SQL"按钮，在弹出的"简单 SQL 编辑器"对话框中编辑 SQL 语句，如图 5-3-21 所示。

图 5-3-21　编辑 SQL 语句

（8）在转换工程的快捷菜单栏中，单击运行工程图标 ▷，执行转换任务，执行结果如图 5-3-22 所示。

图 5-3-22　转换任务执行结果

215

（9）通过 SQLyog 查看表是否创建成功，如图 5-3-23 所示。

图 5-3-23　通过 SQLyog 查看表创建结果

———— 巩/固/与/提/高 ————

1. 为了能方便地使用数据库查询和统计学生的考试成绩，现需要使用表输出组件将"2020 年 1 月月考 1 班数学成绩 .xls"文件的数据迁移并装载至 MySQL 的 demodb 数据库。

2. 基于"2020 年 1 月联考成绩 .csv"文件中的数据，使用计算器组件计算每个学生的平均分，并对平均分按照从高到低进行排序，再输出到"2020 年 1 月联考成绩平均分 .txt"文本文件中。

在线测试 21

任务四　掌握Kettle整合Hadoop

本任务使用 Kettle 工具来操作 Hadoop 大数据平台，需要提前准备好 Hadoop 的运行环境，通过 Kettle 工具方便地实现 HDFS（Hadoop distributed file system，一种分布式文件系统，用于存储和管理大规模数据集的分布式存储解决方案，通过目录树来定位文件）中文件数据的读取，能够很好地满足后续数据清洗和数据分析的需要。

案例导入

Kettle 与其他工具结合可以发挥出更大的作用。例如，将 Kettle 与 Hadoop 结合可以用来处理大规模数据。本案例将完成 Kettle 与 Hadoop 平台的整合，通过相关配置来操作 Hadoop 中的 HDFS 文件系统，实现数据文件的读写。

任务导航

掌握 HDFS 的基本操作命令实现文件的创建和上传，最终实现文件的读写操作。下面让我们根据知识框架一起开始学习吧！

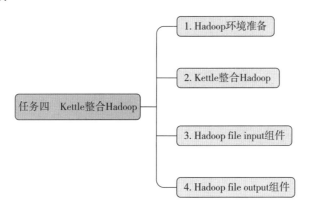

一、Hadoop 环境准备

（1）安装 Hadoop 的文件系统。

（2）通过浏览器访问 http://node1:50070/。

（3）使用命令在命令提示符窗口中查看文件，示例命令如下所示。

```
hadoop fs -ls /
```

（4）在 Hadoop 文件系统中创建 /hadoop/test 目录，示例命令如下所示。

```
hadoop fs -mkdir -p /hadoop/test
```

（5）在本地创建 1.txt，并用 vim 命令编辑 1.txt 文件，示例编辑内容如下所示。

```
id,name
```

```
1,xuanyuan
2,xyxy
```

（6）上传 1.txt 到 Hadoop 文件系统的 /hadoop/test 目录，示例命令如下所示。

```
hadoop fs -put 1.txt /hadoop/test
```

关于搭建 Hadoop 集群的相关内容，读者可扫描以下二维码进行学习。

搭建 Hadoop 集群

 二、 Kettle 整合 Hadoop

（1）确保完成 Hadoop 的环境变量设置，HADOOP_USER_NAME 设置为 root。

（2）从 Hadoop 下载核心配置文件，示例命令如下所示。

```
sz /export/servers/hadoop-2.6.0-cdh5.14.0/etc/hadoop/hdfs-site.xml

sz /export/servers/hadoop-2.6.0-cdh5.14.0/etc/hadoop/core-site.xml
```

sz 命令会把文件下载到 Windows 的目录中。

（3）把 Hadoop 核心配置文件（hdfs-site.xml 和 core-site.xml）放到 Kettle 的配置目录。Kettle 的配置目录如下所示。

```
data-integration\plugins\pentaho-big-data-plugin\hadoop-configurations\cdh514
```

（4）修改 data-integration\plugins\pentaho-big-data-plugin 文件夹下的 plugin.properties 文件，修改的文件内容如图 5-4-1 所示。

```
plugin.propeties

# here see the config.properties file in that configu
active.hadoop.configuration=cdh514

# Path to the directory that contains the available p
```

图 5-4-1 plugin.properties 修改内容

（5）选择"主对象树"的"转换"对象，在下拉菜单中右击"Hadoop clusters"，选择"New Cluster"选项新建 cluster，如图 5-4-2 和图 5-4-3 所示。

（6）配置连接 Hadoop 集群的主机和端口，输入对应的用户名和密码后单击"Next"按钮即可完成创建，如图 5-4-4 所示。

图 5-4-2 创建 Hadoop cluster

图 5-4-3 创建 Hadoop cluster

图 5-4-4 创建 Hadoop 连接配置

三、 Hadoop file input 组件

Kettle 在"Big Data"分类中提供了一个"Hadoop file input"组件,该组件用来从 HDFS 文件系统中读取数据,组件位置如图 5-4-5 所示。

(一)需求

从 Hadoop 文件系统中读取 /hadoop/test/1.txt 文件,把数据输入 Excel 中。

(二)操作步骤

(1)在"Big Data"对象中选择"Hadoop file input"组件,在"输出"对象中选择"Excel 输出"组件,连接两个组件,如图 5-4-6 所示。

图 5-4-5 Hadoop 输入组件和输出组件

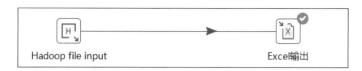

图 5-4-6 "Hadoop file input"到"Excel 输出"的组件连接

（2）对"Hadoop file input"组件进行配置，指定要读取的 HDFS 的目标路径，如图 5-4-7 所示。

图 5-4-7 配置"Hadoop file input"组件

（3）选择"内容"选项卡，在"内容"选项卡中设置文件内容格式和具体编码方式，如图 5-4-8 所示。

（4）在指定好文件格式和编码方式后，单击"字段"选项卡，在"字段"选项卡下单击"获取字段"，对字段的类型和格式进行设置，如图 5-4-9 所示。

图 5-4-8 设置文件格式

图 5-4-9 设置字段类型和格式

（5）配置"Excel 输出"组件的输出路径和输出的文件名，如图 5-4-10 所示。

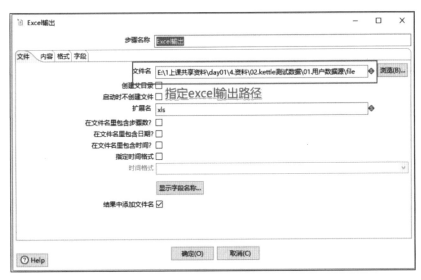

图 5-4-10　"Excel 输出"组件配置

（6）"Excel 输出"组件配置完成后，可以获取字段并查看字段是否正确，如图 5-4-11 所示。

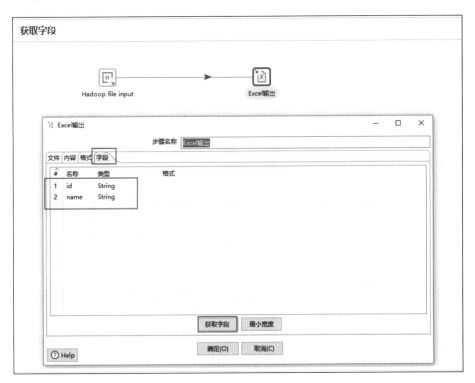

图 5-4-11　验证获取字段

（7）最后执行转换任务，查看从 Hadoop 输入数据流到 Excel 的输出数据流，执行查看输出数据到 Excel 表中。

四、 Hadoop file output 组件

Kettle 在"Big Data"分类中提供了一个"Hadoop file output"组件用来向 HDFS 文件系统保存数据，组件位置如图 5-4-5 所示。

（一）需求

读取 user.json，把数据写入 HDFS 文件系统的 /hadoop/test/2.txt 中。

（二）操作步骤

（1）在"输入"对象中选择"JSON input"组件，在"Big Data"对象中选择"Hadoop file output"组件，连接两个组件，如图 5-4-12 所示。

图 5-4-12 "JSON input"到"Hadoop file output"的组件连接

（2）对"JSON input"输入组件进行配置。"JSON 输入"组件配置对话框（见图 5-4-13）中有"文件""内容""字段"和"其他输出字段"四个选项卡，可根据需求依次对其进行配置。

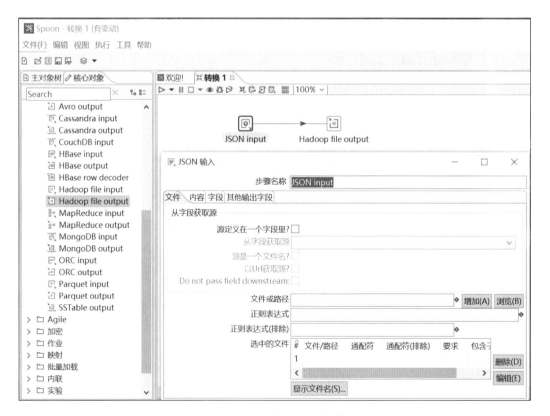

图 5-4-13 配置"JSON 输入"组件

（3）在完成"JSON input"组件的配置后，接下来对"Hadoop file output"组件进行配置，配置输入 HDFS 文件系统中的路径和文件的内容编码，这里采用 UTF-8 编码。"Hadoop file output"组件配置对话框（见图 5-4-14）中有"文件""内容"和"字段"三个选项卡，可根据需求依次对其进行配置。

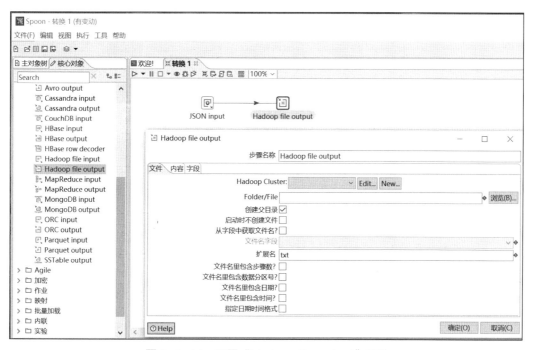

图 5-4-14　配置"Hadoop file output"组件

五、任务实践

搭建 Hadoop 运行环境并准备数据。

（一）集群环境准备

1. 准备服务器

本任务使用 VMware Workstation 来创建虚拟服务器，搭建 Hadoop 集群。

2. 创建三台虚拟机

第一种方式：通过 ISO 镜像文件安装（不推荐）。

第二种方式：复制安装好的虚拟机文件（推荐）。

在课程资料里提供了一个安装好的虚拟机 node1（为了实验环境的统一，尽量使用课程资料中提供的已经安装好的虚拟机！），安装好 node1 后可根据 node1 虚拟机克隆出另外两台虚拟机，步骤如下。

（1）使用 VMware 启动虚拟机 node1，如图 5-4-15 所示。

⚠ 注意：

开始克隆虚拟机 node1 之前，需要先将 node1 启动，查看 node1 是否正常，然后关闭该虚拟机开始克隆。

Kettle 整合 Hadoop

图 5-4-15 node1 虚拟机

（2）开始克隆第二台虚拟机。右键单击"我的计算机"下面的"node1"，在弹出的下拉菜单中选择"管理（M）"→"克隆（C）"，如图 5-4-16 所示。

（3）进入"克隆虚拟机向导"界面（见图 5-4-17），单击"下一步（N）"按钮，按照引导设置克隆信息。

（4）选择需要克隆的虚拟机状态，选择"虚拟机中的当前状态（C）"，如图 5-4-18 所示。

图 5-4-16 克隆 node1

（5）选择"创建完整克隆（F）"，并单击"下一页（N）"按钮，如图 5-4-19 所示。

（6）指定虚拟机的名称和存放位置。便于后续操作，三台虚拟机的存放路径尽量放在一起，如图 5-4-20 所示。

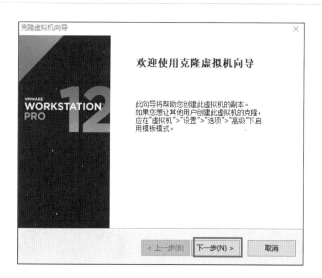

图 5-4-17　"克隆虚拟机向导"界面

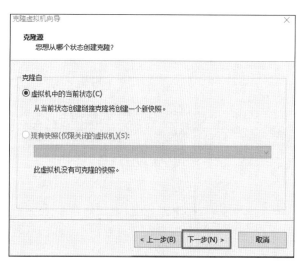

图 5-4-18　选择克隆的虚拟机状态

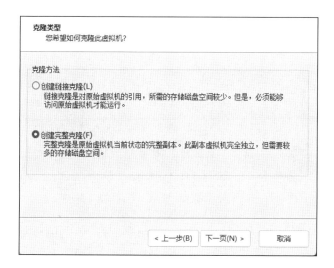

图 5-4-19　选择"创建完整克隆"

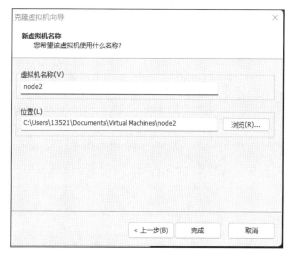

图 5-4-20　指定虚拟机的名称和存放位置

（7）等待克隆完毕，然后单击"关闭"按钮完成克隆，如图 5-4-21 所示。

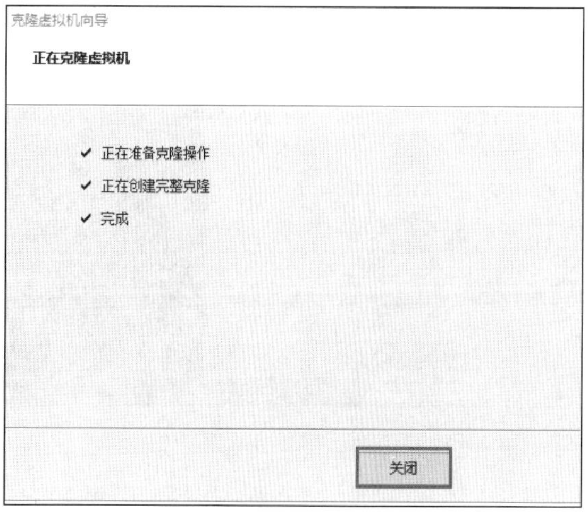

（8）克隆第三台虚拟机。第三台虚拟机也是通过 node1 虚拟机克隆的，克隆方式同克隆第二台虚拟机一致，注意修改虚拟机的名称和存放位置。

3. 设置三台虚拟机的内存

三台虚拟机再加上 Windows 本身，需要同时运行 4 台机器，所以在分配内存的时候，每台虚拟机的内存为总内存 ÷4。比如，计算机的总内存为 16G，则每台虚拟机的内存应为 4G，即 4096MB。

下面以 node1 为例对内存进行配置，具体设置如图 5-4-22 所示。其他两台虚拟机 node2 和 node3 的内存参照 node1 设置。

图 5-4-21　成功克隆虚拟机

图 5-4-22　设置虚拟机内存

4. 配置 MAC 地址

node2 和 node3 都是从 node1 克隆过来的，所以它们的 MAC 地址都一样，需要给 node2 和 node3 重新生成 MAC 地址，生成方式如下。

（1）配置 node2 的 MAC 地址。

①首先使用 VMware Workstation 打开 node2。

②右键单击 node2，在弹出的下拉列表框中选择"设置（S）"，如图 5-4-23 所示。

③在"虚拟机设置"对话框中，选择生成新的 MAC 地址，如图 5-4-24 所示。

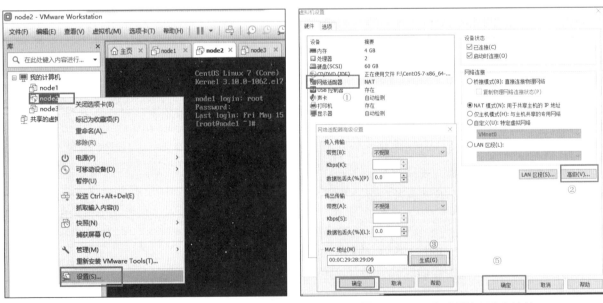

图 5-4-23　修改虚拟机 MAC 地址　　　　　图 5-4-24　生成新的 MAC 地址

（2）配置 node3 的 MAC 地址。node3 的配置方式和 node2 相同，可自行配置。

5. 配置 IP 地址

三台虚拟机的 IP 地址配置如下所示。

node1: 192.168.88.161

node2: 192.168.88.162

node3: 192.168.88.163

node1 的 IP 地址已经配置好，接下来需要配置 node2 和 node3 的 IP 地址。

（1）配置 node2 的 IP 地址。

①使用 vim 命令打开 IP 配置文件，设置 IP 地址，示例命令如下所示，具体修改的配置如图 5-4-25 所示。

vim /etc/sysconfig/network-scripts/ifcfg-ens33

```
TYPE="Ethernet"
PROXY_METHOD="none"
BROWSER_ONLY="no"
BOOTPROTO="static"
DEFROUTE="yes"
IPV4_FAILURE_FATAL="no"
IPV6INIT="yes"
IPV6_AUTOCONF="yes"
IPV6_DEFROUTE="yes"
IPV6_FAILURE_FATAL="no"
IPV6_ADDR_GEN_MODE="stable-privacy"
NAME="ens33"
UUID="dfd8991d-799e-46b2-aaf0-ed2c95098d58"
DEVICE="ens33"
ONBOOT="ues"
IPADDR="192.168.88.162"
PREFIX="24"
GATEWAY="192.168.88.2"
DNS1="8.8.8.8"
DNS2="114.114.114.114"
IPV6_PRIVACY="no"
```

图 5-4-25　修改 node2 虚拟机的 IP 地址

②重启网络服务，示例命令如下所示，重启网络服务后的效果如图 5-4-26 所示。

systemctl restart network

```
[rootenode1 rules.d]# service network restart
Restarting network (via systemctl):                                    [ OK ]
[root@node1 rules.d]#_
```

图 5-4-26　重启网络服务后的效果

③通过 ifconfig 命令查看当前 IP 地址是否为修改后的 IP 地址，node2 虚拟机修改后的 IP 地址如图 5-4-27 所示。

ifconfig

```
[rootenode1 rules.d]# ifconfig
ens33:flags=4163<UPBROADCASTRUNNINGMULTICAST> mtu 1500
        inet 192.168.88.162 netmask 255.255.255.0 broadcast 192.168.88.255
        inet6 1evu::yto:cabz:8f26:fd8d prefixlen 64 scopeid 0x20<link>
        ether 00:0c:29:28:29:d9 txqueuelen 1000  (Ethernet)
        RX packets 704? bytes 54023? (527.5 KiB)
        RX errors 0 dropped 0 overruns 0 frame 0
        TX packets 8430 bytes 969094 (946.3 KiB)
        TX errors 0 dropped 0 overruns carrier collisions 0

lo:flags=73<UPLOOPBACKUNNING> mtu 65536
        inet 127.0.0.1 netmask 255.0.0.0
        inet6 ::1 prefixlen 128 scopeid 0x10<host>
        loop txqueuelen 1000 (Local Loopback)
        RX packets 32 bytes 2592 (2.5 KiB)
        RX errors 0 dropped overruns 0 frame 0
        TX packets 32 bytes 2592 (2.5 KiB)
        TX errors 0 dropped 0 overruns 0 carrier collisions 0
```

图 5-4-27　node2 虚拟机修改后的 IP 地址

④测试网络连接，以访问"www.baidu.com"地址为例，示例命令如下所示，访问网络效果如图 5-4-28 所示。

```
ping  www.baidu.com
```

```
[rootenode1 rules.d]# ping www.baidu.com
PING www.wshifen.com(104.193.88.123)56(84)bytes of data.
64 bytes from 104.193.88.123(104.19388123icmp_seq=1ttl=128 time=245 ms
64 bytes from 104.193.88.123(104.193.88123icmp_seq=2 tt1=128 time=245 ms
64 bytes from 104.193.88.123(104.193.88123)icmp_seq=3ttl=128 time=246 ms
64 bytes from 104.193.88.123(104.193.88.123)icmp_seq=5 ttl=128 time=245 ms
64 bytes from 104.193.88.123(104.193.88.123)icmp_seq=6 ttl=128 time=245 ms
```

图 5-4-28 访问网络效果

（2）配置 node3 的主机 IP。node3 虚拟机 IP 的配置方式和 node2 一样，可参照 node2 虚拟机 IP 的配置步骤执行，node3 虚拟机修改后的 IP 地址如图 5-4-29 所示。

```
TYPE="Ethernet"
PROXY METHOD="none"
BROWSER ONLY="no"
BOOTPROTO="static"
DEFROUTE="yes"
IPV4 FAILURE FATAL="no" IPU6INIT="yes"
IPV6_AUTOCONF="yes"
IPV6 DEFROUTE="yes"
IPV6 FAILURE FATAL="no"
IPV6_ADDR_GEN_MODE="stable-privacy"
NAME="ens33"
UUID="dfd8991d-799e-46b2-aaf0-ed2c95098d58"
DEVICE="ens33"
ONROOT="yes"
IPADDR="192.168.88.163"
PREFIX="24"
GATEWAY="192.168.88.2"
DNS1="8.8.8.8"
DNS2="114.114.114.114"
IPV6_PRIUACY="no"
```

图 5-4-29 node3 虚拟机修改后的 IP 地址

6. 使用 CRT 连接三台虚拟机

使用 CRT 依次连接三台虚拟机 node1、node2 和 node3。

（1）使用 CRT 连接虚拟机 node1。

①在 CRT 界面单击"File"选项，在弹出的下拉列表框中选择"Quick Connect..."选项，开始新建连接操作，如图 5-4-30 所示。

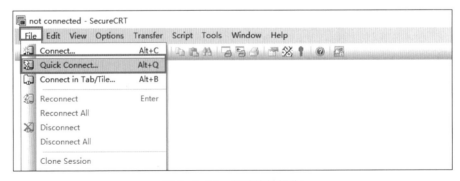

图 5-4-30 新建连接操作

②在"Quick Connect"对话框中，依次配置需要连接的主机 IP、端口号、登录的用户名，如

图 5-4-31 所示。单击"Connect"按钮，在弹出的密码对话框中输入要连接的主机密码，勾选"Save password"复选框保存密码，如图 5-4-32 所示。

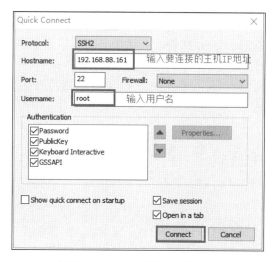

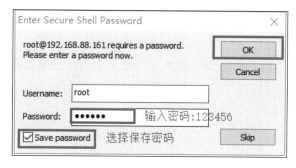

图 5-4-31　配置指定主机　　　　　　　　　　　　　　图 5-4-32　输入主机密码

③在 CRT 界面单击"Options"选项，在弹出的下拉列表框中选择"Session Options..."，如图 5-4-33 所示。在弹出的"Category"对话框中可设置虚拟机 node1 的主题、颜色和仿真，如图 5-4-34 和图 5-4-35 所示。

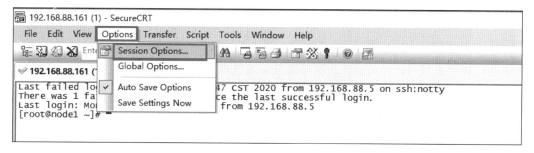

图 5-4-33　选择"Session Options…"选项

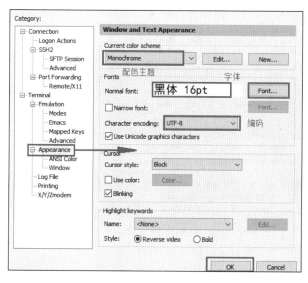

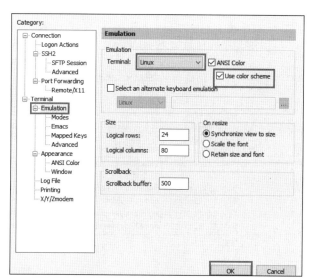

图 5-4-34　虚拟机 node1 的主题和颜色设置　　　　　　图 5-4-35　虚拟机 node1 的仿真设置

229

（2）使用 CRT 连接虚拟机 node2 和 node3。参考 CRT 连接 node1 虚拟机的操作步骤，以同样方式连接 node2 和 node3 虚拟机。

7.设置主机名和域名映射

（1）配置每台虚拟机的主机名。分别编辑每台虚拟机的 hostname 文件，直接填写主机名，保存退出即可。三台虚拟机的主机名分配如下。

第一台主机的主机名为 node1。

第二台主机的主机名为 node2。

第三台主机的主机名为 node3。

（2）配置每台虚拟机的域名映射。分别编辑每台虚拟机的 hosts 文件，在原有内容的基础上添加以下内容。配置后的效果如图 5-4-36 所示。

192.168.88.161 node1 node1.xuanyuan.cn

192.168.88.162 node2 node2.xuanyuan.cn

192.168.88.163 node3 node3.xuanyuan.cn

```
127.0.0.1 localhost localhost.localdomain localhost4 localhost4.localdomain4
::1        localhost localhost.localdomain localhost6 localhost6.localdomain6
192.168.10.112  node01
192.168.10.113  node02
192.168.10.114  node03
```

图 5-4-36　配域名映射的效果

⚠️ 注意:

不要修改文件原来的内容，三台虚拟机的配置内容保持一致。

8.关闭三台虚拟机的防火墙和 SeLinux

（1）关闭每台虚拟机的防火墙。在每台虚拟机上分别执行以下命令。

```
systemctl stop firewalld.service        # 停止 firewall
systemctl disable firewalld.service     # 禁止 firewall 开机启动
```

关闭之后，查看防火墙的状态，示例命令如下所示，防火墙状态如图 5-4-37 所示。

```
systemctl status firewalld.service
```

```
[root@node1 ~]# systemctl status firewalld.service
● firewalld.service - firewalld - dynamic firewall daemon
   Loaded: loaded (/usr/lib/systemd/system/firewalld.service; disabled; vendor preset: enabled)
   Active: inactive (dead)    防火墙已关闭
     Docs: man:firewalld(1)

5月 16 11:01:59 node1 systemd[1]: Starting firewalld - dynamic firewall daemon...
5月 16 11:02:04 node1 systemd[1]: Started firewalld - dynamic firewall daemon.
5月 16 11:27:34 node1 systemd[1]: Stopping firewalld - dynamic firewall daemon...
5月 16 11:27:35 node1 systemd[1]: Stopped firewalld - dynamic firewall daemon.
```

图 5-4-37　防火墙状态

（2）关闭每台虚拟机的 SeLinux。

① SeLinux 的概念。SeLinux 是 Linux 的一种安全子系统。Linux 中的权限管理是针对文件

的，而不是针对进程的。也就是说，如果 root 启动了某个进程，则这个进程可以操作任何一个文件。SeLinux 在 Linux 的文件权限外，增加了对进程的限制，使进程只能在被允许的范围内操作相关资源。

②关闭 SeLinux 的原因。如果开启了 SeLinux，需要完成复杂的配置才能正常使用系统，在学习阶段一般不使用 SeLinux，需要关闭每台虚拟机的 SeLinux。

③ SeLinux 的工作模式。SeLinux 的工作模式有 enforcing（强制）模式、permissive（宽容）模式和 disabled（关闭）模式。

④关闭 SeLinux 的操作。编辑每台虚拟机的 SeLinux 的配置文件，示例命令如下所示。

```
vim /etc/selinux/config
```

SeLinux 的默认工作模式是强制模式，如图 5-4-38 所示。

```
# This file controls the state of SELinux on the system.
# SELINUX= can take one of these three values:
#     enforcing - SELinux security policy is enforced.
#     permissive - SELinux prints warnings instead of enforcing.
#     disabled - No SELinux policy is loaded.
SELINUX=enforcing
# SELINUXTYPE= can take one of three values:
#     targeted - Targeted processes are protected,
#     minimum - Modification of targeted policy. Only selected p
#     mls - Multi Level Security protection.
SELINUXTYPE=targeted
```

图 5-4-38　SeLinux 的默认工作模式

将 SeLinux 的工作模式设置为关闭模式，如图 5-4-39 所示。

```
# This file controls the state of SELinux on the system.
# SELINUX= can take one of these three values:
#     enforcing - SELinux security policy is enforced.
#     permissive - SELinux prints warnings instead of enforcing.
#     disabled - No SELinux policy is loaded.
SELINUX=disabled
# SELINUXTYPE= can take one of three values:
#     targeted - Targeted processes are protected,
#     minimum - Modification of targeted policy. Only selected processes
#     mls - Multi Level Security protection.
SELINUXTYPE=targeted
```

图 5-4-39　修改 SeLinux 工作模式为 disabled

（3）分别重启三台虚拟机。在每台虚拟机上分别执行以下命令重启虚拟机。

```
reboot
```

9. 设置三台虚拟机为免密码登录

（1）依次在三台机器上执行以下命令，生成公钥与私钥，执行结果如图 5-4-40 所示。

```
ssh-keygen -t rsa
```

执行该命令之后，连续按三次回车键就会生成 id_rsa（私钥）和 id_rsa.pub（公钥）两个文件，默认保存在 /root/.ssh 目录下。

（2）拷贝公钥到同一台机器。将三台机器的公钥拷贝到第一台机器上，示例命令如下所示。设置过程中还需要选择生成公钥和私钥的位置。

```
ssh-copy-id node1
```

执行该命令之后，需要输入 yes 和 node1 的密码，如图 5-4-41 所示。

```
[root@node1 ~]# ssh-keygen -t rsa
Generating public/private rsa key pair.
Enter file in which to save the key (/root/.ssh/id_rsa):
Created directory '/root/.ssh'.
Enter passphrase (empty for no passphrase):
Enter same passphrase again:
Your identification has been saved in /root/.ssh/id_rsa.
Your public key has been saved in /root/.ssh/id_rsa.pub.
The key fingerprint is:
SHA256:vr+IASBJKdTgMAuJG9itFgFyh/qqqtwJALs3tZKDJVk root@node1
The key's randomart image is:
+---[RSA 2048]----+
|XB*+.            |
|%*+o.            |
|*=Eo             |
|+=o.             |
|=o. o    S       |
|.=.o o .         |
|oo* . . .        |
|o.o+. o o        |
|B. o  . o.o.     |
+----[SHA256]-----+
```

图 5-4-40　生成公钥和私钥命令

```
/usr/bin/ssh-copy-id: INFO: Source of key(s) to be installed: "/root/.ssh/id_rsa.pub"
The authenticity of host 'node1 (192.168.88.161)' can't be established.
ECDSA key fingerprint is SHA256:HLGhF3dr1q7TOftzSC0vE1VonAa/s0Dep8XaI6cbvT8.
ECDSA key fingerprint is MD5:d5:50:76:2e:4b:56:8e:28:df:72:58:53:8d:e2:1c:0b.
Are you sure you want to continue connecting (yes/no)? yes          输入yes
/usr/bin/ssh-copy-id: INFO: attempting to log in with the new key(s), to filter out any that are already installed
/usr/bin/ssh-copy-id: INFO: 1 key(s) remain to be installed -- if you are prompted now it is to install the new keys
root@node1's password:   在此输入node1的密码:123456

Number of key(s) added: 1
```

图 5-4-41　输入 yes 和 node1 的密码

（3）将第一台机器的公钥拷贝到其他机器上，在第一台机器上执行以下命令。

```
scp /root/.ssh/authorized_keys node2:/root/.ssh
scp /root/.ssh/authorized_keys node3:/root/.ssh
```

执行每一条命令都需要输入 yes 和相应机器的密码。

（4）测试 SSH 免密登录。在三台虚拟机的任何一台主机上，通过 ssh 命令去远程登录该主机，输入 exit 可以退出登录。例如，在 node1 机器上可以免密登录 node2 机器，在 node1 上执行的命令如下。

```
ssh node2
exit
```

node1 到 node2 上的 SSH 免密登录执行效果如图 5-4-42 所示。

```
[root@node1 ~]# ssh node2
Last login: Sat May 16 16:24:02 2020 from node1
[root@node2 ~]#          已经登录到node2机器上了
[root@node2 ~]# exit  退出登录
登出
Connection to node2 closed.
```

图 5-4-42　node1 到 node2 上的 SSH 免密登录

10. 设置三台机器时钟同步

以 192.168.88.161（node1）这台服务器的时间为准进行时钟同步，时钟同步的实现步骤如下。

（1）在 node1 虚拟机安装 ntp 并启动。

①安装 ntp 服务，示例命令如下所示。

```
yum -y install ntp
```

②启动 ntp 服务，示例命令如下所示。

```
systemctl start ntpd
```

③将 ntp 服务设置为开机启动，示例命令如下所示。

```
# 关闭 chrony,Chrony 是 NTP 的另一种实现
systemctl disable chrony
# 将 ntp 服务设置为开机启动
systemctl enable ntpd
```

（2）编辑 node1 的 /etc/ntp.conf 文件。

①使用 vim 命令打开 ntp.conf，示例命令如下所示。

```
vim /etc/ntp.conf
```

②在 ntp.conf 文件中添加如下内容，授权 192.168.88.0—192.168.88.255 网段上的所有机器都可以从 node1 机器上查询和同步时间。

```
restrict  192.168.88.0  mask  255.255.255.0  nomodify notrap
```

③注释以下四行内容，让集群在局域网中不使用其他互联网上的时间。

```
#server  0.centos.pool.ntp.org
#server  1.centos.pool.ntp.org
#server  2.centos.pool.ntp.org
#server  3.centos.pool.ntp.org
```

④取消以下内容的注释，如果没有这两行内容，还要再加上，这两行内容表示当该节点丢失网络

连接时，依然可以采用本地时间为集群中的其他节点提供时间同步，如图 5-4-43 所示。

```
server 127.127.1.0
fudge 127.127.1.0  stratum  10
```

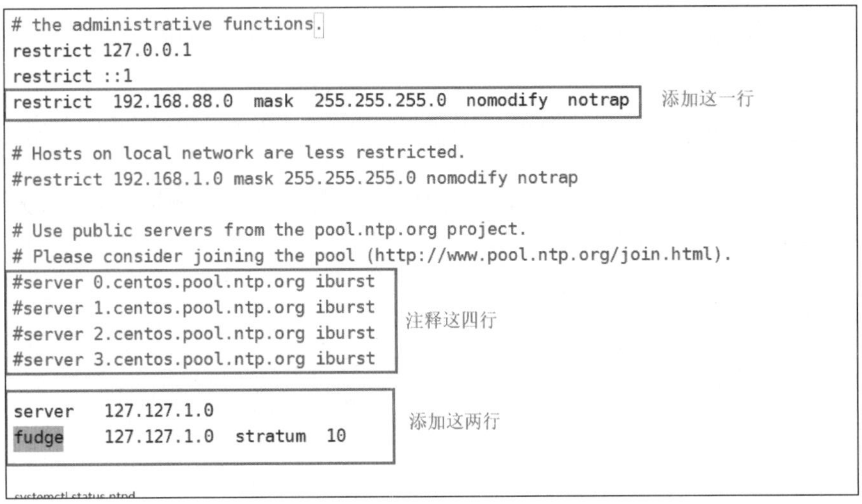

图 5-4-43 配置与一台服务器时钟同步

⑤使用 vim 命令打开 ntpd 文件，保证 BIOS（basic input output system，基本输出输入系统）与系统时间同步。

```
vim /etc/sysconfig/ntpd
```

⑥在 ntpd 文件中添加一行内容，用来实现同步服务，示例内容如下所示。

```
SYNC_HWLOCK=yes
```

（3）实现另外两台机器与第一台机器的时间同步。

①让另外两台机器与 192.168.88.161 进行时钟同步。在 node2 和 node3 机器上分别执行以下命令。

```
crontab  -e
```

②分别添加以下内容，每隔一分钟就与 node1 进行时钟同步。

```
*/1 * * * * /usr/sbin/ntpdate 192.168.88.161
```

11. 在三台虚拟机上安装 JDK 环境

（1）在三台虚拟机上分别创建安装 JDK 所需的目录，示例命令如下所示。

```
mkdir -p /export/software      # 软件包存放目录
mkdir -p /export/server        # 安装目录
mkdir -p /export/data          # 数据存放目录
```

（2）在三台虚拟机上查看是否有自带的 openjdk，如果有 openjdk 则需要先进行卸载，示例命令如下所示。

```
rpm -qa | grep openjdk
rpm -e java-1.7.0-openjdk-headless-1.7.0.221-2.6.18.1.el7.x86_64 java-1.7.0-openjdk-
1.7.0.221-2.6.18.1.el7.x86_64 --nodeps
```

（3）在 node1 上上传安装包并解压，上传 JDK 到 node1 的 /export/software 路径下并解压，示例命令如下所示。

```
tar -zxvf jdk-8u241-linux-x64.tar.gz -C /export/server/
```

（4）使用 vim 命令打开 profile 文件，配置 node1 的环境变量，示例命令如下所示。

```
vim /etc/profile
```

（5）在 profile 文件中添加如下的内容。

```
export JAVA_HOME=/export/server/jdk1.8.0_241
export PATH=:$JAVA_HOME/bin:$PATH
```

（6）在 node1 上进行文件分发。
远程拷贝 JDK 安装目录，将其拷贝到 node2 和 node3 上，示例命令如下所示。

```
scp -r /export/server/jdk1.8.0_241/ node2:/export/server/
scp -r /export/server/jdk1.8.0_241/ node3:/export/server/
```

远程拷贝 /etc/profile 配置文件，将其拷贝到 node2 和 node3 上，示例命令如下所示。

```
scp /etc/profile node2:/etc/
scp /etc/profile node3:/etc/
```

（7）修改完成后需要在三台虚拟机上分别执行以下命令使配置生效。

```
source /etc/profile
```

（8）测试是否安装成功。在三台虚拟机上执行以下指令，测试 JDK 是否安装成功，测试效果如 5-4-44 所示。

```
java -version
```

```
[root@node1 jdk1.8.0_241]# java -version
java version "1.8.0_241"
Java(TM) SE Runtime Environment (build 1.8.0_241-b07)
Java HotSpot(TM) 64-Bit Server VM (build 25.241-b07, mixed mode)
```

图 5-4-44　检查 JDK 是否安装成功

（二）从 Hadoop 读取数据输入到 Excel 中

本任务实践一共有两个部分，第一部分是 Hadoop 环境准备，第二部分是从 Hadoop 文件系统读取数据输入到 Excel 中。这部分的具体步骤，大家可参照任务三完成，这里不再赘述。

———————————— 巩/固/与/提/高 ————————————

1. 完成通过 CRT 的会话窗口向多个连接窗口同时发送命令。
2. 从 Hadoop 文件系统读取 /hadoop/test/2.txt 文件，把数据输入到 Excel 文件中。

在线测试 22

任务五　掌握Kettle整合Hive

案例导入

Kettle 可以从 Hadoop 集群上获取数据，也可以把数据保存到 Hadoop 集群中，同时它也支持 Hive 数据库和 HBase 数据库，支持 HiveQL 语句，支持 Spark 作业。本案例主要是通过 Kettle 操作 Hive 数据库，实现用 Kettle 工具读写 Hive 中的数据。完成本案例前，需要提前准备好 Hive 的环境。

任务导航

本任务主要在已经准备好 Hive 环境的基础上，通过 Kettle 工具来操作 Hive，实现数据的读写操作。下面让我们根据知识框架一起开始学习吧！

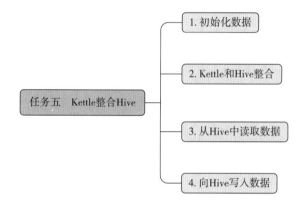

一、初始化数据

（一）Hive 的交互方式

（1）第一种交互方式：在 Hive 的 bin 目录下使用 hive 命令进行交互。

通过如下 hive 命令进入 Hive 的客户端。

```
hive
```

创建一个数据库，示例命令如下所示。

```
create database mytest;
show databases;
```

（2）第二种交互方式：使用 SQL 语句或者 SQL 脚本进行交互。

不进入 Hive 的客户端直接执行 Hive 的 SQL 语句，示例 SQL 语句如下所示。

```
hive -e "create database mytest2"
```

还可以将 Hive SQL 语句写成一个 SQL 脚本然后执行。需要切换到相应目录，打开脚本文件，示例命令如下所示。

```
cd /export/server
vim   hive.sql
```

编辑脚本内容如下。

```
create database mytest3;
use mytest3;
create table stu(id int,name string);
```

通过 hive 命令执行 SQL 脚本，示例命令如下所示。

```
hive -f /export/server/hive.sql
```

（3）第三种交互方式：Beeline Client。

①在 node1 的 /export/server/hadoop-3.1.4/etc/hadoop 目录下，修改 core-site.xml 文件，在该文件中添加以下配置实现用户代理。

```
<property>
    <name>hadoop.proxyuser.root.hosts</name>
    <value>*</value>
</property>
<property>
    <name>hadoop.proxyuser.root.groups</name>
    <value>*</value>
</property>
```

将修改好的 core-site.xml 文件分发到 node2 和 node3，然后重启 Hadoop，示例命令如下所示。

```
scp core-site.xml node2:$PWD
scp core-site.xml node3:$PWD
```

②运行 Hive 的服务器上确保已经启动 Metastore 服务和 HiveServer2 服务，如果没有启动，则执行以下命令。

```
nohup /export/server/hive/bin/hive --service metastore &
nohup /export/server/hive/bin/hive --service hiveserver2 &
```

⚠ 注意：

nohup 和 & 表示后台启动。

③在 node3 上使用 Beeline 客户端进行连接访问，示例命令如下所示。

```
/export/server/hive/bin/beeline
```

根据提示进行以下操作。

```
[root@node3 ~ ]# /export/server/hive/bin/beeline
which:
no hbase in (:/export/server/hive-2.1.0/bin::/export/server/hadoop-2.7.5/bin:/export/data/hadoop-
2.7.5/sbin::/export/server/jdk1.8.0_241/bin:/usr/local/sbin:/usr/local/bin:/usr/sbin:/usr/bin:/export/server/
mysql-5.7.29/bin:/root/bin)
Beeline version 2.1.0 by Apache Hive
beeline> !connect jdbc:hive2://node3:10000
Connecting to jdbc:hive2://node3:10000
Enter username for jdbc:hive2://node3:10000: root
Enter password for jdbc:hive2://node3:10000:123456
```

Hive 连接成功后，可以在提示符后边输入 Hive 的 SQL 语句。Hive 连接成功如图 5-5-1 所示。

```
Transaction isolation: TRANSACTION_REPEATABLE_READ
0: jdbc:hive2://node3:10000>
```

图 5-5-1　Hive 连接成功

⚠ 注意：

beeline 客户端不是直接访问 metastore 服务的，需要单独启动 hiveserver2 服务。

（二）Hive 一键启动脚本

可以通过 expect 脚本一键启动 Beenline 并登录到 Hive。expect 是建立在 TCL（tool command language）
语言基础上的一个自动化交互套件，在一些需要交互输入指令的场景下，可通过脚本自动进行交互通信。

1. 安装 expect

通过 yum 命令安装 expect 脚本，示例命令如下所示。

```
yum -y install expect
```

2. 创建脚本

切换到 Hive 目录下创建脚本文件，示例命令如下所示。

```
cd /export/server/hive
vim beenline.exp
```

在脚本文件中添加以下内容。

```
#!/bin/expect
spawn beeline
set timeout 5
expect "beeline>"
```

```
send "!connect jdbc:hive2://node3:10000\r"
expect "Enter username for jdbc:hive2://node3:10000:"
send "root\r"
expect "Enter password for jdbc:hive2://node3:10000:"
send "123456\r"
interact
```

3. 修改脚本权限

使用 chmod 命令给脚本文件添加权限，示例命令如下所示。

```
chmod 777 beenline.exp
```

4. 启动 Beenline

使用 Beenline 执行脚本文件，示例命令如下所示。

```
expect beenline.exp
```

（三）准备初始化数据

（1）安装配置好 Hive 后，在控制台中输入 hive 命令，连接到 Hive 服务器，执行结果如图 5-5-2 所示。

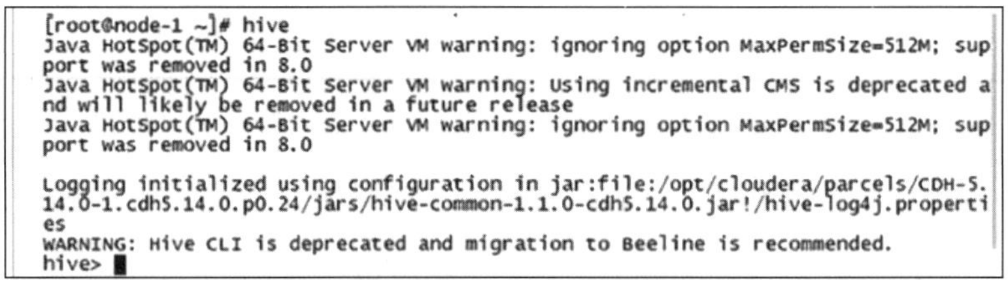

```
[root@node-1 ~]# hive
Java HotSpot(TM) 64-Bit Server VM warning: ignoring option MaxPermSize=512M; sup
port was removed in 8.0
Java HotSpot(TM) 64-Bit Server VM warning: Using incremental CMS is deprecated a
nd will likely be removed in a future release
Java HotSpot(TM) 64-Bit Server VM warning: ignoring option MaxPermSize=512M; sup
port was removed in 8.0

Logging initialized using configuration in jar:file:/opt/cloudera/parcels/CDH-5.
14.0-1.cdh5.14.0.p0.24/jars/hive-common-1.1.0-cdh5.14.0.jar!/hive-log4j.properti
es
WARNING: Hive CLI is deprecated and migration to Beeline is recommended.
hive>
```

图 5-5-2　连接 Hive 服务器的执行结果

（2）创建并切换数据库，示例命令如下所示。

```
create database test;
use test;
```

（3）创建表 a，示例命令如下所示。

```
create table a(
a int,
b int
) row format delimited fields terminated by ',' stored as TEXTFILE;
show tables;
```

（4）通过 vim 命令创建数据文件 a.txt，示例文件内容如下所示。

```
1,11
2,22
3,33
```

（5）将 a.txt 文件中的数据加载到表 a 中，示例命令如下所示。

```
load data local inpath '/root/a.txt' into table a;
```

（6）查询表 a，示例命令如下所示。

```
select * from a;
```

初始化数据准备完成。与构建 Hive 环境相关的知识，读者可扫描以下二维码学习。

构建 Hive 环境

二、 Kettle 和 Hive 整合

（1）从虚拟机下载 Hadoop 的 jar 包，示例命令如下所示。

```
sz /export/servers/hadoop-2.6.0-cdh5.14.0/share/hadoop/common/hadoop-common-2.6.0-cdh5.
14.0.jar
```

（2）将下载的 jar 包放置在 Kettle 工具的 \data-integration\lib 目录下，如图 5-5-3 所示。

图 5-5-3　Hadoop 的 jar 包

（3）重启 Kettle，重新加载 jar 包。

三、 从 Hive 中读取数据

Hive 是基于 Hadoop 的一个数据仓库工具，能够用来进行数据提取、数据转化和数据加载，具有一种可以存储、查询和分析存储在 Hadoop 中大规模数据的机制。Hive 数据库通过 JDBC 进行连接，可以通过表输入组件来获取数据。

（一）需求

从 Hive 数据库下的 test 数据库的 a 表中获取数据，并把数据保存到 Excel 中。

（二）操作步骤

（1）从"输入"对象中选择"表输入"组件，这里的"表输入"组件和 Hive 数据库的表输入是同一个组件。Hive 是一个数据仓库工具，类似于数据库，因此可以使用 Hive SQL 进行数据的查询操作，这里使用的是和关系型数据库相同的表输入组件，如图 5-5-4 所示。

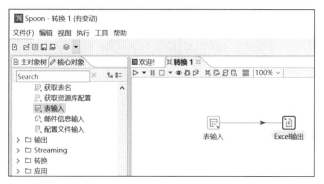

图 5-5-4 "表输入"组件

（2）对"表输入"组件进行配置。需要注意的是，此处选择的连接类型为"Hadoop Hive"连接，其具体配置如图 5-5-5 所示。

图 5-5-5 Hadoop Hive 连接配置

（3）运行测试，测试连接是否成功。

四、向 Hive 写入数据

Hive 数据库是通过 JDBC 进行连接的，可以通过"表输出"组件来保存数据。

（一）需求

从"Excel 资料\02.kettle 测试数据\01.用户数据源\file_user.xls"中读取数据，将读取到的数据保存到 Hive 数据库的 test 数据库的 t_user 表中。

（二）操作步骤

（1）在"输入"对象中选择"Excel 输入"组件，在"输出"对象中选择"表输出"组件，连接两个组件，如图 5-5-6 所示。

图 5-5-6　"Excel 输入"到"表输出"组件连接

（2）对"Excel 输入"组件进行配置，指定要读取的文件，并选择"表格类型（引擎）"为"Excel 2007 XLSX(Apache POI)"，具体配置如图 5-5-7 所示。

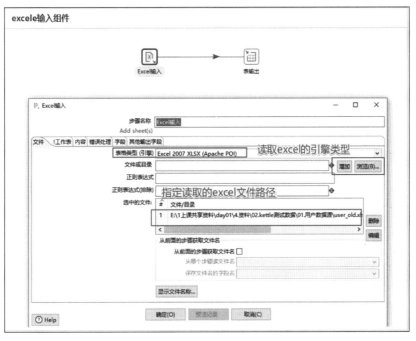

图 5-5-7　配置"Excel 输入"组件

（3）对"表输出"组件进行配置，选择 Hive 数据仓库中的数据库和表，具体配置如图 5-5-8 所示。

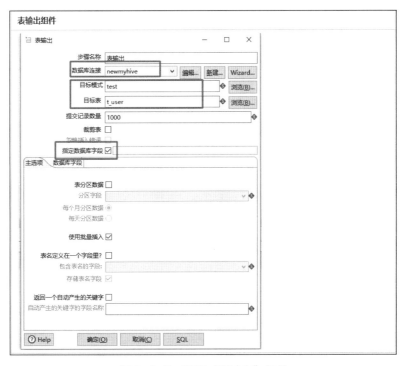

图 5-5-8　配置"表输出"组件

五、任务实践

Kettle 整合 Hive

本任务实践基于已经完成的 Hive 环境的构建以及 Hive 交互连接，进一步通过 Kettle 整合 Hive 实现从表输入数据流到 Excel 输出数据流或者从 Excel 输入数据流到表输出的操作。该任务实践一共是两个部分，第一部分是准备测试数据，第二部分是实现数据流的输入到输出操作。具体实现大家可参照本任务知识内容，这里不再赘述。通过该任务实践，读者可以更深刻地理解 Kettle 整合 Hive 中的相关名词和概念。

———————— 巩/固/与/提/高 ————————

读取 Excel 数据，把数据保存在 Hive 数据库的 test 数据库的 t_user2 表中。

在线测试 23

项目总结

在本项目中，我们学习了 ETL 工具中的 Kettle 并完成了 Kettle 的安装和配置，了解了 Kettle 图形界面的基本功能。接着通过具体的任务实践，采用 Kettle 工具输入组件（包括 JSON 组件、Table 组件、自动生成记录组件等），实现数据的输入。同时还采用了 Kettle 工具输出组件（包括文本文件输出、表输出、删除等），实现数据的输出。逐步掌握使用 Kettle 工具来进行数据的处理、转换和迁移的基本过程。

此外，我们学习了使用 Kettle 工具来操作 Hadoop 大数据平台，并了解了 Hadoop 的运行环境。使用 Kettle 工具能方便地实现 HDFS 中文件数据的读取，从而满足后续数据清洗和数据分析的需要。在本项目中还学习了使用 Kettle 工具操作 Hive，实现从 Kettle 中读取数据并把分析好的数据写入到 Hive 中，从而完成数据的读写操作。

参考文献

[1] 崔庆才 . Python 3 网络爬虫开发实战 [M]. 2 版 . 北京：人民邮电出版社，2021.

[2] 李俊翰，付雯 . 大数据采集与爬虫 [M]. 北京：机械工业出版社，2020.

[3] 黑马程序员 . Spark 大数据分析与实战 [M]. 北京：清华大学出版社，2019.

[4] 余明辉，张良均 . Hadoop 大数据开发基础 [M]. 北京：人民邮电出版社，2018.

[5] 黑马程序员 . MySQL 数据库入门 [M]. 2 版 . 北京：清华大学出版社，2022.

[6] 魏迎 . Hadoop 技术与应用 [M]. 西安：西安电子科技大学出版社，2021.

[7] 王雪松，张良均 .ETL 数据整合与处理（Kettle）[M]. 北京：人民邮电出版社，2021.

[8] 黑马程序员 . 数据清洗 [M]. 北京：清华大学出版社，2020.

[9] 张雪萍 . 大数据采集与处理 [M]. 北京：电子工业出版社，2021.